Matemática e Arte

COLEÇÃO TENDÊNCIAS EM EDUCAÇÃO MATEMÁTICA

Matemática e Arte

Dirceu Zaleski Filho

autêntica

Copyright © 2013 Dirceu Zaleski Filho
Copyright © 2013 Autêntica Editora

COORDENADOR DA COLEÇÃO TENDÊNCIAS EM
EDUCAÇÃO MATEMÁTICA
Marcelo de Carvalho Borba –
gpimem@rc.unesp.br

CONSELHO EDITORIAL
*Airton Carrião/Coltec-UFMG; Arthur
Powell/Rutgers University; Marcelo
Borba/UNESP; Ubiratan D'Ambrosio/UNI-
BAN/USP/UNESP; Maria da Conceição
Fonseca/UFMG.*

PROJETO GRÁFICO DE CAPA
Alberto Bittencourt

EDITORAÇÃO ELETRÔNICA
Conrado Esteves

REVISÃO
*Débora Silva
Lívia Martins*

EDITORA RESPONSÁVEL
Rejane Dias

Revisado conforme o Acordo Ortográfico da Língua Portuguesa de 1990,
em vigor no Brasil desde janeiro de 2009.

Todos os direitos reservados pela Autêntica Editora. Nenhuma parte desta
publicação poderá ser reproduzida, seja por meios mecânicos, eletrônicos,
seja via cópia xerográfica, sem a autorização prévia da Editora.

AUTÊNTICA EDITORA LTDA.

Belo Horizonte
Rua Aimorés, 981, 8º andar . Funcionários
30140-071 . Belo Horizonte . MG
Tel.: (55 31) 3214 5700

Televendas: 0800 283 13 22
www.autenticaeditora.com.br

São Paulo
Av. Paulista, 2.073, Conjunto Nacional, Horsa I
23º andar, Conj. 2301 . Cerqueira César
01311-940 . São Paulo . SP
Tel.: (55 11) 3034 4468

**Dados Internacionais de Catalogação na Publicação (CIP)
(Câmara Brasileira do Livro, SP, Brasil)**

Zaleski Filho, Dirceu
    Matemática e arte / Dirceu Zaleski Filho. -- Belo Horizonte : Autêntica
Editora, 2013. -- (Coleção tendências em educação matemática)

    ISBN 978-85-8217-204-9

    1. Arte - História 2. Educação matemática 3. Matemática - Estudo e
ensino 4. Matemática - História 5. Mondrian, Piet, 1872-1944 6. Prática de
ensino 7. Professores de matemática - Formação profissional I. Título. II. Série.

13-05047   CDD-510.7

Índices para catálogo sistemático:
    1. Arte e matemática : Educação matemática   510.7
    2. Matemática e arte : Educação matemática   510.7

Nota do coordenador

Embora a produção na área de Educação Matemática tenha crescido substancialmente nos últimos anos, ainda é presente a sensação de que há falta de textos voltados para professores e pesquisadores em fase inicial. Esta coleção surge em 2001 buscando preencher esse vácuo, sentido por diversos matemáticos e educadores matemáticos. Bibliotecas de cursos de licenciatura, que tinham títulos em Matemática, não tinham publicações em Educação Matemática ou textos de Matemática voltados para o professor. Em cursos de especialização, mestrado e doutorado com ênfase em Educação Matemática ainda há falta de material que apresente de forma sucinta as diversas tendências que se consolidam nesse campo de pesquisa. A coleção "Tendências em Educação Matemática" é voltada para futuros professores e para profissionais da área, que buscam de diversas formas refletir sobre esse movimento denominado Educação Matemática, o qual está embasado no princípio de que todos podem produzir Matemática, nas suas diferentes expressões. A coleção busca também apresentar tópicos em Matemática que tenham tido desenvolvimentos substanciais nas últimas décadas e que se possam transformar em novas tendências curriculares dos ensinos fundamental, médio e universitário.

Esta coleção é escrita por pesquisadores em Educação Matemática, ou em dada área da Matemática, com larga experiência docente, que pretendem estreitar as interações entre a Universidade que produz pesquisa e os diversos cenários em que se realiza a Educação. Em alguns livros, professores se tornaram também autores! Cada livro indica uma extensa bibliografia na qual o leitor poderá buscar um aprofundamento em certa Tendência em Educação Matemática. Este livro apresenta uma proposta de reaproximar, no ensino, a Matemática e a Arte. Ambas têm estado muito próximas desde as primeiras manifestações de racionalidade da espécie humana. Lamentavelmente, temos visto, nos programas escolares, um distanciamento dessas duas áreas do conhecimento. Ele mostra quão benéfica pode ser para o ensino a reaproximação de Matemática e Arte e propõe caminhos novos para a Educação Matemática. É um livro da maior importância para todos os professores, em especial para os professores dessa área.

*Marcelo de Carvalho Borba**

---

* Coordenador da Coleção "Tendências em Educação Matemática", é Licenciado em Matemática pela UFRJ, Mestre em Educação Matemática pela UNESP, Rio Claro/SP, e doutor nessa mesma área pela Cornell University, Estados Unidos. Atualmente, é professor do Programa de Pós-Graduação em Educação Matemática da UNESP, Rio Claro/SP. Por curtos intervalos de tempo, já fez estágios de pós-doutoramento ou foi professor visitante nos Estados Unidos, Dinamarca, Canadá e Nova Zelândia. Em 2005 se tornou livre docente em Educação Matemática. É também autor de diversos artigos e livros no Brasil e no exterior e participa de diversas comissões em nível nacional e internacional.

Sumário

Prefácio 9

Introdução 13

CAPÍTULO I

As ligações entre a Matemática e a Arte 19

A Filosofia grega – Arte, Matemática e Platão 19
O período decadente da Filosofia,
a ascensão do Cristianismo e a Arte 25
A Idade Média e as Artes Liberais 28

CAPÍTULO II

A Geometria e a Arte na Idade Média 35

A Geometria e a Idade Média 35
A Geometria e as Artes Liberais no Mundo Antigo 39
O caminhar da Matemática na Idade Média 41

CAPÍTULO III

A Matemática e a Arte no Mundo
Moderno e na contemporaneidade 45

O Mundo Moderno, a Arte e a Matemática 45
A contemporaneidade, a Matemática e a Arte 55

CAPÍTULO IV

Cézanne, Picasso e Mondrian e
a união entre Arte e Matemática 65

Cézanne, Cubismo e Mondrian 65

Piet Cornelius Mondriaan, o Mondrian,
e o início da abstração 73
A Teosofia e Mondrian 80
Estrutura e forma abstrata de Mondrian 87

CAPÍTULO V

O Neoplasticismo, a nova expressão da Arte e Matemática ...95

De Stijl e o Neoplasticismo: a nova imagem da Arte 95
Arte e Matemática em Mondrian: primeira abordagem 104

CAPÍTULO VI

Ensino da Arte e da Matemática escolar no Brasil 113

Apontamentos da história da Matemática no Brasil 113
A Matemática escolar no Brasil 120
O ensino da Arte no Brasil 137

CAPÍTULO VII

A Arte e a Matemática em Mondrian 145

A Arte e a Matemática em Mondrian e o século XXI 145
A Arte e a Matemática em Mondrian
e a Segunda Revolução Industrial 159
Cronologia de Mondrian.. 165

Referências 167

Prefácio

Ubiratan D'Ambrosio[1]

Conheço Dirceu Zaleski Filho há muitos anos, mas nosso relacionamento se intensificou a partir de seus estudos de preparação para o mestrado. Tive o privilégio de participar da banca em que ele, brilhantemente, apresentou sua pesquisa. E agora fui honrado com o convite para prefaciar este livro que é baseado em sua dissertação.

Dirceu parte da proposta de reaproximar, no ensino, a Matemática e a Arte. Ambas têm estado muito próximas desde as primeiras manifestações de racionalidade da espécie humana. Entretanto, lamentavelmente, temos visto essas duas áreas do conhecimento se distanciarem nos programas escolares.

Nesse sentido, o autor mostra quão benéfico pode ser para o ensino a reaproximação de Matemática e Arte e propõe caminhos novos para a Educação Matemática. E, para chegar a uma proposta pedagógica, Dirceu faz uma revisão integrada da História da Matemática e da História da Arte.

---

[1] Doutor em Matemática, é teórico premiado e um dos pioneiros no estudo da Etnomatemática. Professor emérito de Matemática da Universidade Estadual de Campinas (UNICAMP) e Presidente de Honra da Sociedade Brasileira de Educação Matemática, atualmente é professor do Programa Pós-Graduação em Educação Matemática da Universidade Bandeirante de São Paulo.

Sabemos que desde seus primeiros momentos as espécies *homo* classificavam, quantificavam e representavam o real por razões eminentemente práticas, mas também como uma expressão do despertar de sua abstração e espiritualidade. As pinturas rupestres, os ossos entalhados e outros artefatos que chegaram até nós são evidências do surgimento integrado da Matemática e da Arte.

A partir de representações do mundo real, nossos antepassados desenvolveram estratégias de ação necessárias para sua sobrevivência. Ao mesmo tempo, estimularam o imaginário, criando sistemas de explicações e sistemas religiosos. A mente humana evoluía para sistematizar procedimentos lógicos em paralelo a procedimentos gráficos, que permitiam a comunicação entre os homens e a aproximação com o imaginário. Na longa trajetória das cavernas às comunidades e à organização em sociedades, os recursos lógicos e gráficos começaram a ser amplamente utilizados.

Encontramos neste livro uma bem elaborada exposição da Matemática e da Arte nos mundos grego e romano, como preparação para uma interessante síntese na Idade Média, quando as especificidades dessas duas áreas do conhecimento começaram a ser notadas. No despertar da Renascença, a arquitetura – particularmente o gótico – e a pintura – principalmente a partir de Giotto – estimularam enormemente o desenvolvimento da Geometria. A estagnação da tradição euclidiana foi desafiada pela emergência da composição vetorial e da perspectiva.

As artes plásticas, presentes na Antiguidade, não encontraram espaço nas academias, nas quais se buscava a formalização, idealmente conduzindo à matematização do conhecimento. Nas comunidades e sociedades já organizadas, o chamado raciocínio lógico foi se impondo como instrumento essencial na elaboração da Matemática formal.

Aos poucos, a crescente ortodoxia da Matemática foi dispensando os recursos gráficos. Essa separação é evidenciada quando, numa carta a Galileu Galilei, em 1611, o pintor e arquiteto Ludovico Cigoli defendia a dependência mútua dos recursos lógicos e gráficos ao dizer em Mahoney (2004, p. 1) que

Prefácio

"um matemático, por maior que seja, sem o auxílio de um bom desenho, é não apenas metade de um matemático, mas também um homem sem olhos".

A partir da Renascença, os recursos gráficos, os quais chamamos Desenho Geométrico e, posteriormente, Geometria Descritiva e Projetiva, foram integrados ao fazer matemático e ao seu ensino. No século XVIII, reconhecido como basilar na Matemática Moderna, encontramos Leonhard Euler, um dos maiores matemáticos de todos os tempos, utilizando amplamente os recursos gráficos.

Lembro-me de que essa integração dos recursos lógicos e gráficos era evidente nas escolas brasileiras até a segunda metade do século XX. Os cursos de licenciatura em Matemática incluíam disciplinas de Desenho Geométrico e Geometria Descritiva, e na grade curricular do ensino básico havia a disciplina Desenho, que era essencialmente Geometria com régua e compasso. O objetivo maior era dar suporte ao aprendizado da Matemática, embora o Desenho como um objetivo em si era reservado às escolas técnicas. O autor faz um interessante estudo dessa situação na educação brasileira.

Dirceu prossegue com uma análise da contemporaneidade. Tal análise é necessária e adequada ao projeto deste livro. As três grandes revoluções do final do século XVIII, que marcam a entrada na Idade Contemporânea, deflagram novos conceitos de governança e poder (Revolução Americana, de 1776), de organização social e cidadania (Revolução Francesa, de 1789), e de trabalho e produção (Revolução Industrial). As consequências para as artes e as ciências, particularmente para a Matemática, são enormes.

Os artistas assumem uma nova missão e convidam o povo para a fantasia, para a busca do novo – produto de sua imaginação e de sua criatividade – e para ir além do que, por ser facilmente identificado e reconhecido pelos sentidos, agrada ao "bom gosto" de todos. A fantasia é também apontada como essencial para a criação matemática, como bem disse, em 1893, o grande matemático Sophus Lie: "Sem fantasia ninguém pode se tornar um bom matemático". Mas essa fantasia tem suas explorações limitadas por critérios rígidos para o rigor que deve dominar a criação matemática. O desencontro entre os critérios de fantasia determinantes da Arte e da Matemática teve seus reflexos no ensino. Neste importante livro, Dirceu Zaleski Filho propõe o reencontro dessas diferentes manifestações de fantasia. Ele elege dois consagrados artistas para conduzir o leitor ao reencontro de Matemática e Arte: Paul Cézanne e Piet Cornelius Mondriaan, mais conhecido como Mondrian.

O principal caminho é aquele indicado por Mondrian, para quem a pureza das formas geométricas e a redução das cores ao vermelho, azul e amarelo fundamentava sua proposta do Neoplasticismo. A aproximação com a Matemática é evidente, quando Mondrian diz que a realidade é forma e espaço. Apoiando-se na arte de Mondrian e na Filosofia da Matemática, como percebida por Mathieu Hubertus Josephus Schoenmaekers, e referindo-se ao pensamento de Helena P. Blavatsky e de Rudolph Steiner, o autor sintetiza o que pode amalgamar Matemática, Arte e Espiritualidade na Educação.

Este livro traduz, com muita erudição, mas sem comprometer a qualidade didática, sua percepção de que a Educação do futuro necessita de Matemática, Arte e Espiritualidade integradas na formação do ser humano. O livro é da maior importância, e eu diria mesmo fundamental, para todos os professores, em especial para os professores de Matemática.

Introdução

Com sua arte abstracionista, Mondrian é um exemplo da união moderna entre Arte e Matemática, pois, em algum momento da história da humanidade, a Arte "afastou-se" da Matemática e de outros campos das ciências. Qual o motivo, ou quais são os motivos desse afastamento? Talvez uma das razões tenha sido uma herança da Filosofia Grega: a ideia de um mundo dividido em superior e inferior, que será explanada mais adiante. Arte e Matemática, Matemática e Arte. Essas duas áreas do conhecimento aparecem juntas desde os primeiros registros feitos pelo homem pré-histórico nas cavernas, as quais abrigavam os grupos de humanos das intempéries e que talvez já prenunciassem o início da Arquitetura. Ao retratar paisagens e animais e, mais tarde, esculpir em ossos marcas que representavam os animais capturados, o homem primitivo iniciou a busca da organização do seu entorno por meio da Arte e da Matemática.

Gombrich (1995) nos diz que talvez esses caçadores tivessem a crença de que o ato de fazer a imagem de suas presas, e em alguns casos destruí-las com suas lanças e machados de pedra, faria com que os animais verdadeiros se submetessem ao seu domínio. Claro que isso é uma hipótese, mas baseada no comportamento de povos primitivos que ainda mantêm costumes registrados em suas produções artísticas ligadas ao poder das imagens. Esses povos utilizam ferramentas de pedra com as quais raspam imagens de animais com uma finalidade mágica.

Com a construção de armas e utensílios utilizando pedras, ossos e madeira, que depois de prontos eram decorados, começou a existir também a convivência entre formas, tamanhos ou dimensões com símbolos e padrões. No decorrer da história humana, a Arte e a Matemática continuaram a contribuir para organizar e explicar as aquisições culturais.

Karlson (1961) relata que o homem, a partir do início de sua trajetória em nosso planeta, recorreu à Matemática fazendo cálculos e medidas. O animal capturado era dividido em partes iguais, e assim apareceram as frações. Medindo pedaços de pele e comparando comprimentos, surgiam as noções de maior ou menor. Com a fabricação de vasos, surgiam padrões de medidas e as primeiras determinações de volume.

Os exemplos são muitos, mas essas situações ainda estão longe de qualquer formalização consciente. São encontrados em culturas mais longínquas ornamentos geométricos que nos fazem imaginar que as mulheres que os confeccionaram podem ser consideradas as primeiras matemáticas do planeta. A transição dos objetos produzidos com um fim utilitário para um novo espaço das formas puras, dominado por finalidades estéticas, é um dos movimentos mais importantes em direção à Matemática.

As reflexões anteriores não fizeram parte de minha formação como professor de Matemática e, talvez, também não estiveram presentes no desenvolvimento de muitos outros educadores em exercício, o que, a meu ver, deixou de ser uma importante contribuição ao processo de ensino-aprendizagem da Matemática praticada em sala de aula. A razão para a ocorrência desse fato, segundo Bicudo e Guarnica (2011, p. 91) é porque:

> [...] considerou-se a Matemática necessariamente vinculada a uma linguagem simbólica e visceralmente conectada à lógica e às provas que caracterizam seu estilo. [...] Colocar a prova rigorosa ou a linguagem simbólica, quase sinônimos, como centro de uma concepção sobre Matemática é por certo conceber como Matemática apenas como "ciência", comungando

com um programa eurocêntrico que não concebe a existência de matemáticas diferenciadas, próprias de contextos que transcendem a instituição escolar classicamente referenciada. Tal programa eurocêntrico despreza a possibilidade de etnomatemáticas, uma das mais potentes e criativas tendências em Educação Matemática.

Sou autor de *Matemática de um Sistema de Ensino*, material didático destinado à Educação Básica. Em um desses cadernos, destinado ao sétimo ano do Ensino Fundamental, existe uma atividade sobre segmentos de reta chamada "Você é o Artista", que envolve uma releitura da obra de Piet Mondrian (1872-1944), o *Quadro I*, de 1921, pedindo que o aluno utilize segmentos de retas e crie a sua obra, como descrito a seguir:

Esta atividade propõe ao aluno uma releitura desta pintura de Mondrian utilizando conceitos de Geometria Plana. Embora esse material didático traga uma atividade entre Arte e Matemática utilizando uma pintura, Mondrian não é citado como um artista que utilizou conceitos geométricos com objetivos específicos, ou seja, que após tantos séculos de afastamento propôs uma nova aproximação entre Arte e Matemática.

Na época em que foi criada esta atividade, pretendi dar um exemplo da Matemática e, mais particularmente, da Geometria aplicada ao cotidiano. Eu via, como outros professores, a Matemática separada da Arte e, especificamente, a Matemática e a Arte de Mondrian estanques, sem nenhuma ligação. Mondrian havia, para mim, à época, utilizado segmentos de retas formando ângulo reto sem nenhuma implicação maior. No desenvolvimento deste livro, será abordada a forma como essas importantes ligações contribuíram para o desenvolvimento da obra de Mondrian – influenciado por Cézanne e Picasso –, para o seu conceito de Arte Abstrata e para o processo ensino-aprendizagem da Matemática por meio da Arte e, mais especificamente, por meio da produção artística de Mondrian. Também será dada ênfase ao processo ensino-aprendizagem da Geometria por meio das obras do citado artista.

O capítulo 1 trata da Filosofia grega, em particular de Platão e das possíveis razões para o afastamento ente a Arte e a Matemática. Em seguida, a decadência da Filosofia grega, a ascensão do Cristianismo, a Arte e as Artes Liberais na Idade Média. Isto para fundamentar o capítulo 2, que trata do caminhar das Artes Liberais, da Arte, da Matemática e, em particular, da Geometria na Idade Média.

Dando sequência, no capítulo 3 é feita uma reflexão a respeito da Arte e da Matemática no mundo moderno e na contemporaneidade. O capítulo 4 mostra o início da abstração em Cézanne e sua influência sobre Picasso, e o contato de Mondrian com a arte desses dois pintores. Posteriormente, apresenta-se a abstração em Mondrian, sua trajetória e, nesta, o contato dele com a Teosofia e a aproximação de sua Arte com a Matemática. No capítulo 5, apresentamos a vanguarda: "O neoplasticismo"

Introdução

e o movimento *De Stijl* – O Estilo – e uma primeira abordagem da Arte e Matemática em Mondrian.

O ensino e o distanciamento da Arte e da Matemática escolar no Brasil são apresentados no capítulo 6 por meio de análises da economia e da Educação, de apontamentos da História da Matemática no Brasil, da História da Matemática Escolar e do Ensino da Arte no Brasil.

Finalizando, no capítulo 7 são apresentadas outras aproximações entre Arte e Matemática, relaciona-se a Arte e a Matemática em Mondrian e a Segunda Revolução Industrial, a eletroeletrônica, com o século XXI.

Capítulo I

As ligações entre a Matemática e a Arte

A Filosofia grega – Arte, Matemática e Platão

> *A Humanidade, assim como a Arte, precisa de liberdade.*
>
> (PIET MONDRIAN, 1978)
>
> *A Arte é a transformação do ordinário em extraordinário e a Matemática é a maneira de fazer o ordinário chegar ao extraordinário.*
>
> (ANTONIO PETICOV, 2003)

Vamos fazer algumas considerações iniciando pela Arte, a Matemática e Platão. Tomemos como proposta inicial a origem do termo Filosofia. De acordo com César Nunes (1993), Pitágoras, na Grécia Antiga (século VI a.c.), não querendo ser chamado de sábio – *sophos* – se autodenomina *filo-sophos*, que significa amigo do saber ou aquele que busca a sabedoria, que para ele era uma denominação menor para entender o seu tempo. *Filos* e *sophia* significam respectivamente "amigo" e "sabedoria" e, juntas, deram origem à palavra "filosofia", que é definida por Heráclito no século V a.C. como a "busca da compreensão da realidade total".

Nunes (1993, p. 14) acrescenta que a "filosofia, desde sua definição originária, se faz compreender como um saber sobre o homem, sobre o mundo, sobre a realidade".

A Filosofia origina-se na Grécia há aproximadamente cinco séculos antes de Cristo. Em um primeiro momento, a civilização grega era tribal. Nessa época, desenvolveu-se uma grande criatividade mitológica. Mitologia é a história fabulosa dos Deuses, semideuses e heróis da Antiguidade, cujo propósito consistia em explicar as questões da existência humana, da natureza e da sociedade, assim como a origem do homem e do povo grego, além de justificar as relações sociais e políticas da Grécia. Portanto, nesse estágio primitivo, o universo e a realidade receberam dos gregos explicações mitológicas. Esses mitos foram concebidos com características semelhantes ao mundo, como as maneiras de viver e as relações do cotidiano daquela época. Daí esse primeiro período grego ser considerado primitivo, rural, tribal e mitológico.

A Filosofia aparece, então, com uma reação ao pensamento mitológico. Um ciclo de prosperidade faz surgir uma classe intermediária com poder e que tem a intenção de romper com as estruturas mitológicas que colocavam a aristocracia rural em situação de destaque.

Valendo-se da razão humana, no século VI a.C. a Filosofia grega se preocupava em estudar os elementos que constituíam as coisas. Segundo Benedito Nunes (2006), a natureza foi investigada pelos primeiros filósofos com o intuito de se buscar um princípio estável, comum a todos os seres, que explicasse a sua origem e as suas transformações. Os primeiros filósofos, de Tales a Anaxímenes, foram chamados por Aristóteles de físicos ou *physiologoi*. Eles fundaram uma tradição de estudo da Natureza, a qual Heráclito e Parmênides, Pitágoras e Empédocles, Anaxágoras e Demócrito deram sequência e aprofundamento.

O autor também afirma que, por volta de 450 a.C., os sofistas, que ensinavam os jovens de Atenas movidos por motivos mais ligados à prática do que à teoria, discutiram, entre outras ideias, o Bem, a Virtude, o Belo e a Lei da Justiça; temas que os levaram à formulação de teses ousadas e contraditórias.

As ligações entre a Matemática e a Arte

Introduzem, então, no estudo da sociedade e da cultura, o ponto de vista reflexivo-crítico que caracteriza a Filosofia. Mas foi somente com a contribuição de Sócrates – pedagogo e filósofo que viveu por volta de 470-399 a.c. e que definiu os valores morais, as profissões, o governo e o comportamento social da Grécia – que este ponto de vista reflexivo-crítico também passou a se dirigir à apreciação das Artes.

Sócrates, que falava sobre todos os assuntos humanos, entrou no ateliê do pintor Parrássio e a este perguntou o que a Pintura poderia representar. A pergunta de Sócrates era uma indagação filosófica acerca da essência da Pintura, que transportava para o domínio das Artes a atitude interrogativa que já tinha sido assumida pelos filósofos gregos em relação às coisas e aos valores morais.

Com a morte de Sócrates, surge Platão (427-347 a.c.), que havia sido seu discípulo durante oito anos e se preparou nesse período para continuar uma atuação política de sua família. A família de Platão pertencia à aristocracia e afirmava descender de Codros, rei de Atenas. Segundo César Nunes (1993), Platão inaugura com seu pensamento o período vigoroso e clássico da Filosofia. Esse modo de pensar corresponde ao auge das cidades gregas e à supremacia do domínio de Atenas.

Em 487 a.c., Platão fundou a Academia, a mais influente escola da Antiguidade, onde o filósofo ensinou até o fim de sua vida. Cortella (1998) revela que durante os primeiros cinquenta anos após a morte de Sócrates, Platão elaborou uma síntese das tendências filosóficas que já existiam, de modo a criar uma compatibilização entre a busca de explicação da realidade como um todo e o pensamento socrático voltado para o Homem; adicionando a esse fato o contemplar filosoficamente, as exigências políticas, morais e gnosiológicas (referentes a estudos do conhecimento) em torno da relação entre mutabilidade das coisas e da verdade.

Sócrates dedicou grande parte de sua reflexão a um problema: como estabelecer verdades que sejam válidas para todas as pessoas? Como ele não resolveu essa questão, Platão cuidou dela após sua morte.

Para elaborar sua síntese, Platão escreve sobre a origem do mundo, a cosmologia, retomando alguns mitos antigos e reorganizando-os de um modo mais filosófico. Segundo Cortella (1998), Platão acreditava que anteriormente ao nosso mundo existia o caos (do grego *khaos*, abismo, fenda, confusão), e este era composto de matéria sem forma.

Chegado o momento indicado, um dos deuses foi encarregado de dar ordem ao caos. Ele era uma espécie de demiurgo (*demos*, povo + *ergon*, trabalho), cujo nome era dado pelos gregos aos artesãos que residiam nas cidades, possuíam uma determinada habilidade técnica e prestavam serviços autônomos. O demiurgo, uma divindade masculina, introduziu-se eroticamente no caos e, então, foi transformado em cosmo (*kósmos*, universo, mundo).

Esse deus ordenador nada criou. Tomou a matéria bruta que já existia dando-lhe formas diferentes e, assim, estabeleceu a ordem no caos. Com essa modelação, todas as coisas passaram a existir.

Se o demiurgo deu formas à matéria, é porque já havia modelos nos quais ele se baseou para a execução de sua tarefa. Esses originais eram as *eidos* – ideias, que no sentido platônico representam as essências ou as verdades de tudo – e, nessa linha de pensamento, as essências ou as verdades são anteriores à existência do nosso mundo, não pertencem a ele, isto é, não são materiais.

Se as essências não são materiais, elas não se transformam, não nascem, não se modificam, não morrem, pois só o que é material está submetido a surgir e desaparecer. Logo, elas são eternas e imutáveis. E, com essa a cosmogonia proposta, forma-se a base da cosmologia platônica.

Platão estabelece, então, a teoria dos dois mundos. No mundo inteligível, existiria um lugar habitado por deuses chamado de superior. Abaixo, o mundo que nos cerca, o lugar dos mortais, onde a vida terrena não era mais do que uma leve imagem do mundo superior compondo o mundo inferior. Uma das maneiras pelas quais os deuses gregos eram homenageados pelos habitantes do mundo inferior eram as construções, consideradas simples cópias do mundo superior.

Platão (2000, p. 225, 228), em *A República*, no "Livro VII", inicia o diálogo entre Sócrates e Glauco sobre o que chamou de mundo superior ou mundo das ideias, considerado eterno, e o mundo dos mortais:

Sócrates – Agora imagina a maneira como segue o estado da nossa natureza relativamente à instrução e à ignorância. Imagina homens numa morada subterrânea, em forma de caverna, com uma entrada aberta de luz; esses homens estão aí desde a infância, de pernas e pescoço acorrentados, de modo que não podem mexer-se nem ver senão o que está diante deles, pois as correntes os impedem de voltar a cabeça; a luz chega-lhes de uma fogueira acesa numa colina que se ergue por trás deles; entre o fogo e os prisioneiros passa uma estrada ascendente. Imagina que ao longo dessa estrada está construído um pequeno muro, semelhante às divisórias que os apresentadores de títeres armam diante de si e por cima das quais exibem as suas maravilhas.

Glauco – Estou vendo. [...]

[...] Sócrates – Agora, meu caro Glauco, é preciso aplicar, ponto por ponto, esta imagem ao que dissemos atrás e comparar o mundo que nos cerca com a vida da prisão na caverna, e a luz do fogo que a ilumina com a força do Sol. Quanto à subida à região superior e à contemplação dos seus objetos, se a considerares como a ascensão da alma para a mansão inteligível, não te enganarás quanto à minha ideia, visto que também tu desejas conhecê-la. Só Deus sabe se ela é verdadeira. Quanto a mim, a minha opinião é esta: no mundo inteligível, a ideia do bem é a última a ser aprendida, e com dificuldade, mas não se pode aprendê-la sem concluir que ela é a causa de tudo o que de reto e belo existe em todas as coisas; no mundo visível, ela engendrou a luz e o soberano da luz; no mundo inteligível, é ela que é soberana e dispensa a verdade e a inteligência; e é preciso vê-la para se comportar com sabedoria na vida particular e na vida pública.

Tudo o que existiria fora desse mundo superior seria sem valor por ser apenas temporal. Platão criou, então, o Mito da Caverna, no qual narra a história de humanos que nasceram e viveram confinados em uma caverna (mundo inferior) e que, por estarem acorrentados, entendiam como realidade as sombras geradas em uma fresta por onde passava um feixe de luz. A libertação da caverna só seria possível por meio da sabedoria, da razão, da consciência que o homem deve buscar.

Entretanto, segundo o filósofo, o homem que se libertasse e tentasse voltar para contar a seus antigos companheiros que as sombras e os ruídos que ouviam se tratavam apenas de imprecisas representações do mundo das ideias, correria o risco de ser assassinado por aqueles que podiam olhar para as suas sombras e acreditar que elas eram a realidade, ou seja, que o mundo poderia sobreviver sem a razão.

Para Platão, o artista estaria incapacitado de revelar algo do mundo das ideias, pois suas representações eram terrenas. Caso retratasse algo criado pela natureza em linguagem figurativa, isso já existiria na natureza, que já havia feito melhor. Caso o trabalho fosse uma escultura de um deus grego, ela representaria apenas uma pálida ideia do mundo das ideias, não tendo, portanto, nenhum valor. Platão não acreditava na elevação da consciência por meio da Arte; essa missão ficaria restrita aos filósofos. A palavra como fruto das ideias preponderaria sobre as imagens.

Enquanto a imagem seria o produto dos artistas, Platão e os filósofos consideravam a palavra apenas como o primeiro passo em busca do conhecimento. Nesse sentido, Pitágoras – que morreu em 490 a.C., aproximadamente 60 anos antes do nascimento de Platão – pode ser considerado o primeiro grande filósofo, apesar de ser conhecido atualmente mais como um matemático do que como um pensador.

Strathern (1998) escreve que Pitágoras não era louco, apenas parecia, e possivelmente foi o primeiro gênio da cultura ocidental. Além de dar o tom a essa cultura, foi ele quem inventou e se autodenominou matemático e filósofo, nos sentidos hoje aceitos. Foi também o primeiro a praticar a metempsicose, a crença de que sua alma havia habitado o corpo de um ser que viveu anteriormente a ele, a observar a ordem das coisas no mundo e a dizer que o caminho mais valoroso para o homem era a sabedoria.

Os pitagóricos tinham como uma de suas máximas o "Tudo é número", acreditando que a Matemática podia explicar o mundo sozinha, não necessitando, para isso, de nenhuma outra vertente do conhecimento, inclusive a Arte. Esse pensamento de Pitágoras em conjunto com o desprezo que Platão sentia pelos artistas plásticos coloca a Matemática e a Arte em patamares distintos e pode ter contribuído para o afastamento entre a Arte e a Matemática.

Strathern continua afirmando que, por meio de suas investigações, Pitágoras teve reforçada sua fé crescente na Matemática, que para ele era mais que uma busca intelectual; ela parecia explicar o mundo por meio da harmonia, da proporção, das propriedades dos números, da beleza e da simplicidade e de certas formas – tudo isso parecia falar de uma natureza numérica profunda que governava as coisas.

O período decadente da Filosofia, a ascensão do Cristianismo e a Arte

O último período da Filosofia grega é chamado de "decadente", coincidindo com o declínio do mundo grego. As filosofias dessa época não podem ser comparadas às do período clássico, pois não apresentavam nada de novo. Esse período inicia-se por volta do século II a.C. e segue até o século V d.C., quando, então, são estabelecidas as estruturas que darão sustentação à Idade Média. A partir desse século, nasce um novo mundo em que a igreja produz um cenário a fim de lhe dar poder ideológico e político.

Um filósofo dessa época que merece destaque é Plotino (205-270 d.C.). César Nunes (1993) afirma que Plotino, retomando o pensamento Platônico, adiciona uma estrutura mística por meio do conceito de Nóus, que para o filósofo era uma inteligência organizadora do mundo e a ideia de um emanacionismo divino da matéria. As teses de Plotino foram incorporadas pelo Cristianismo, em particular a de um Deus Providente. Ele é o último dos grandes filósofos gregos. Pregava também a libertação do corpo e propunha o ideal do Bem Supremo como objeto de Amor e o Uno (Nous) como demiurgo do Universo.

O objetivo da "alma humana" era o de fundir-se a este "deus filosófico" pela contemplação e êxtase. Para Plotino, conceito que depois será apropriado por Santo Agostinho, o objeto da Filosofia já não é mais a pesquisa sobre o mundo (pré-socráticos) ou sobre o homem e a *pólis* (Sócrates), mas sim a aceitação de uma realidade divina e providente, da qual todos fomos gerados por emanação. Como consequência, o caminho deste monismo emanacionista grego ao monoteísmo semita e, posteriormente, ao Deus Pai e Providente é extremamente curto.

Nesse cenário, o Cristianismo surge pregando uma nova ideologia com grande influência sobre o povo e, Paulo de Tarso, pregando em grego nas grandes cidades, consolida o Cristianismo. A "Boa Nova" (*evangélion* em grego) se opunha ao pensamento grego racionalista e teórico. Esse novo modo de pensar depositava na Providência de Deus Pai e em um "deus-homem", Cristo, a salvação para todos. A maior aceitação do Cristianismo se deu entre os gregos, os romanos e os gentios, que eram povos que professavam religiões pagãs.

Em 313 d.C., o Cristianismo é proclamado religião oficial de Roma. Surge o clero, categoria que desenvolve uma ideologia (teologia) para justificar sua função, os "pastores das ovelhas do Cristo", aliando-se aos grupos dominantes. Santo Agostinho (354-430), um dos teóricos desse movimento, em seu livro *Cidade de Deus e Cidade dos Homens*, propõe a existência de dois líderes para justificar o poder da igreja e do imperador. Para ele, além do imperador, que teria poder sobre os súditos de Roma, seria necessária a existência de um papa, o bispo de Roma, dando continuidade à missão de Pedro. O papa teria o poder sobre os outros bispos e seria o representante de um novo poder no império.

Nesse período, o Império Romano foi um cenário de ascensão do Cristianismo e, ao mesmo tempo, alvo de ataques de povos chamados bárbaros. Esses ataques determinaram o fim de um império que já apresentava sinais de enfraquecimento.

César Nunes (1993) comenta o triunfo histórico do Cristianismo descrevendo que quando o Império Romano desmorona sob os ataques dos povos bárbaros a igreja já é poderosa o suficiente para catequizar estes povos e conservar, mesmo de modo transformado, as principais instituições do Império Romano. O chefe bárbaro é feito um imperador e a ele é imposta a doutrina cristã, construindo-se, então, a Idade Média como a nova realidade do mundo por ela preparado.

Descrito esse cenário, temos condições de fazer uma análise da posição da Arte nesse período de transição. Como já foi citado anteriormente, Plotino foi uma figura fundamental na renovação do ideal platônico, exercendo grande influência nos primeiros pensadores cristãos, incluindo, nesse grupo, Santo Agostinho. Plotino adotou a concepção de beleza suprassensível, imutável e eterna, razão de ser das coisas belas deste mundo.

Benedito Nunes (2006) ressalta que, para Plotino, a alma – que se alegra pela sua contemplação – assemelha-se à Beleza. E a Beleza, manifestando o que é fácil de ser entendido no que é material e sensível, compõe a própria alma das coisas como forma interior, como unidade indivisível que nelas existe; e que as propriedades estéticas (simetria e regularidade), aspectos puramente exteriores, não podem explicar. Plotino explica que tudo o que tem forma é belo e dotado da máxima realidade. Para ele, como pode ser perfeitamente determinado, o feio é identificado com a ausência de forma, a negação do real.

Se tudo o que é belo se parece com a alma, então é na própria alma que a beleza melhor se revela. Será preciso então cerrar os olhos do corpo para abrir a visão interior, que pode alcançar, afinal, a beleza inteligível, já pertencente ao mundo das ideias, às formas puras e imateriais. Com a interiorização da beleza, Plotino fez da Arte um tipo de ação espiritual e contemplativa.

Plotino, então, espiritualiza a Arte, vai mais longe que Platão e entende que a imitação dos objetos visíveis é um motivo para a atividade artística cuja finalidade é intuir as essências ou ideias. Para ele, a Arte, além de uma atividade produtiva, é um meio de conhecimento da Verdade.

Benedito Nunes (2006), dando sequência ao pensamento de Plotino, afirma que as obras de arte são passageiras, são materiais e representam o imaterial. São exteriores e sensíveis e possuem significados interiores e compreensíveis. Para esse filósofo, o que importa é a Arte ser considerada uma obra do espírito. Os produtos artísticos representam outra arte, imaterial. Acima da música que se ouve, movem-se harmonias compreensíveis, que o artista deve aprender a ouvir.

Sendo assim, a verdadeira Arte, que não tem fim em nenhuma de suas realizações exteriores, tem como identificação um princípio espiritual que a todas vivifica e supera. Cada obra é apenas um filão provisório aberto no manancial inesgotável da inteligência e da beleza universais, em que a mente do artista se liga e onde se encontra com a musicalidade pura, que vem antes e serve de base para a criação musical sensível.

A elevação à Beleza que a Arte proporciona, vista como atividade espiritual, não difere do conhecimento intuitivo do ser e da contemplação da realidade absoluta. Embora Plotino tenha proposto em sua Filosofia um motivo para as atividades artísticas, os pensadores cristãos entendiam que é de Deus que provém toda a beleza da criação, e essa beleza que se origina em Deus é a única que realmente interessa. Ela é o que liga o homem ao criador, e não é vã como aquela outra que aos olhos se oferece. Estavam se referindo às obras de arte que são transitivas. De acordo com Benedito Nunes (2006), Santo Agostinho demonstra temor de se entregar a essa sedução no seu livro *Confissões*, escrevendo assim: "Os olhos amam a beleza e a verdade das formas. Oxalá que tais atrativos não me acorrentem a alma".

A Idade Média e as Artes Liberais

Como explanado anteriormente, um dos fatores da queda do Império Romano foi a ideologia cristã. O Cristianismo foi se organizando cada vez mais e um grupo de pessoas no meio da comunidade despontou como força organizadora da vida religiosa e social dos cristãos. Eram líderes comunitários chamados de clero, em grego *cleroi*, que significa "os escolhidos". O clero trabalhava como a intelectualidade do novo projeto social que se articulava.

Santo Agostinho e São Jerônimo são dois expoentes do clero e, segundo Queiroz (*in* MONGELLI, 1999), são eles que formalizam o sagrado de modo brilhante e descrevem conceitos que terão importância fundamental sobre os séculos que virão. O modo antigo de pensar está tão arraigado aos idealizadores do Cristianismo, que o saber eclesiástico que dominou os séculos seguintes fez com que houvesse uma imersão em uma sabedoria sem significados, mas de imprescindível existência devido às suas ligações com o contexto político. No que se refere às leis, ao princípio monárquico universalista e ao mito da eternidade, a igreja da época poderia ser considerada um clone do Império Romano.

A Idade Média teve duas escolas filosóficas, a Patrística, de Santo Agostinho, e a Escolástica, cujo maior expoente é São Tomás de Aquino (1225-1274). A Patrística, cuja principal característica era defender os ideais cristãos frente ao pensamento pagão, influenciou de maneira mais direta a Idade Média do século V ao século IX. E a Escolástica vai do início do século IX até o fim do século XVI, fim da Idade Média.

O nome Escolástica vem do conceito de "Schollas", fundadas no século IX. César Nunes (1993) escreve que a Filosofia ou o saber ensinado nas escolas dessa época foram construídos a partir do movimento cultural de Carlos Magno, denominado "escolas palatinas". Dessa maneira, a Igreja Católica tinha de uma só vez o monopólio religioso e ideológico da população e a formação das elites e os quadros próprios em uma linha filosófica teológica, que simultaneamente favorecia e se baseava na criação e interesses desta.

É neste período que São Tomás de Aquino escreveu a *Suma teológica*. Neste e em todos os seus livros, concilia a Fé e a Razão. À Razão, Tomás de Aquino dá a capacidade de iluminar até onde possa os pressupostos da Fé. A Escolástica é a representação da sociedade hierárquica e dogmática medieval. A razão de São Tomás de Aquino, de modo doutrinário, segue o pensamento do filósofo Aristóteles (384-322 a.C.) e é a responsável pelo enfraquecimento do pensamento platônico.

Para Aristóteles, segundo César Nunes (1993), a Filosofia era a "ciência" das causas supremas e tinha a "primazia do conhecimento". Ao definir o homem como "um animal político", cria para ele uma nova concepção na *pólis* (antigas cidades gregas). Desse modo, o filósofo supera a Filosofia socrático-platônica ao assinalar o conhecimento empírico e intelectivo, mas é um pensamento conservador, pois se limita a ordenar e classificar a realidade e busca a recuperação do realismo como método de conhecimento em oposição ao idealismo platônico.

Na *Suma teológica*, São Tomás de Aquino estuda o Belo na mesma parte em que trata de Deus e de sua natureza. Ele considera a beleza uma propriedade transcendental do ser, paralela à Verdade e ao Bem, e esses três aspectos de uma mesma realidade são inconfundíveis.

Benedito Nunes (2006) explica que para Tomás de Aquino o que o homem deseja possuir é o Bem e o que ele busca aprender intelectualmente é a Verdade. O Belo que se relaciona com os dois não possui a desejabilidade do Bem, pois, está ligado à nossa contemplação e é diferente da verdade por consistir no del ite que a contemplação traz ao espírito e por não depender do verdadeiro conhecimento daquilo que deleita.

Para a doutrina de Tomás de Aquino, o Belo está mais perto da Verdade, pois a contemplação exercita o conhecimento e o deleite que dela não se separa. O Belo decorre das atividades dos sentidos intelectuais, da visão e da audição e possui três atributos: a integridade (perfeição e plenitude), a proporção (acordo ou conveniência entre as partes) e a claridade ou esplendor (adequação a inteligência); e essa corresponde ao esplendor do Bem a da Verdade na Filosofia platônica e significa de modo semelhante à inteligência divina manifestada como Verbo.

Entretanto, Tomás de Aquino separa o Belo da Arte. Ele concorda com a conceituação de Aristóteles, considerando o fazer artístico um hábito operativo que garante a boa execução das obras, mas que não está diretamente ligado à beleza. Benedito Nunes (2006) explica esse pensamento afirmando que a Arte é operativa e a beleza é contemplativa. As operações da Arte podem formar obras úteis aos interesses humanos e obras que são dependentes da Beleza para servir ao espírito.

O pensamento escolástico não reconhece que as belas obras produzidas de maneira artificial exerçam algum privilégio na vida do homem, orientada para o culto e a contemplação do ser divino. Esse pensamento, consequência dos padrões religiosos da Idade Média, mostra bem o modo de encarar as belas-artes na época em que ainda não possuíam qualidades definidas. Elas eram associadas às artes servis (Teatro e Arquitetura, Agricultura, Caça, Navegação e Medicina) e às Artes Liberais (Música, Gramática, Retórica, Dialética, Geometria, Aritmética e Astronomia).

Percebemos, então, desde Platão até o fim da Idade Média, no século XVI, que a Arte ocupou um lugar menor na História da Cultura. Vimos que os pensadores escolásticos colocavam as belas-artes associadas às artes servis e equiparadas às Artes Liberais e, em particular, como interessa a este estudo, à Aritmética e à Geometria. Isso pode, também, ter colocado a Arte novamente em um patamar menor que o peso do valor escrito para os cristãos, peso este oriundo da tradição judaica da qual deriva o Cristianismo. Outra vez, a "palavra" é mais valorizada.

Mas, como eram ensinadas a Aritmética, a Geometria e as outras Artes Liberais nas escolas da Idade Média? Como eram essas escolas? Queiroz (*in* MONGELLI, 1999) mostra que entre os séculos V e XV o ocidente europeu se utiliza de conhecimentos que na sua maioria são pouco ligados ao saber institucional das escolas. Somente uma pequena parte do conhecimento medieval que chegou até nós dependeu da escolaridade formal.

Os alunos não aprendiam conceitos sobre construção em geral, noções de desenho, pintura escultura ou escrita de gêneros literários. Também não eram ensinadas as funções básicas do funcionamento do mundo material: meios de produção, utilização do dinheiro, domínio das técnicas de agricultura e do pastoreio, criação e confecção de objetos e a sobrevivência nas guerras.

O distanciamento entre o cotidiano e o currículo parece ser uma constante na Idade Média. Não houve um desligamento com o antigo pensar. A tradição clássica valorizada pelos primeiros pensadores cristãos dificultou o aparecimento de novas formas de pensar.

Nos seus primeiros séculos de existência, o Cristianismo cria a figura dos "santos" que, em grande parte, são intelectuais a serviço dos ideais da igreja. Esses intelectuais querem dar consistência moral, institucional e filosófica às ideias do Cristo, que é revestido com o modo cultural da época. Sua mensagem é, então, viabilizada na linguagem do mundo romano, mas sua mensagem, ao mesmo tempo em que são aumentados os sentidos, tem amordaçados o frescor e a espontaneidade. O saber do Cristo é tratado de forma livresca.

Séculos depois, no Trecento e no Quatrocento, volta o mito de que tempos antigos poderiam se tornar novos, conhecido como "A vida nova", na qual a Antiguidade greco-romana traria uma nova luz intelectual. Nada mais incomum, pois a Antiguidade esteve sempre presente durante toda a Idade Média e talvez foi ela a responsável pelos obstáculos ao conhecimento apontado pelos humanistas. Um dos exemplos mais elementares dos limites desse poder impostos pela Antiguidade sobre o Mundo Medieval foi o sistema educacional baseado no *trivium* e *quadrivium* (Gramática, Retórica e Lógica/Aritmética, Geometria, Música e Astronomia).

Somente no início de século XV é que começam a aparecer sugestões de mudanças com o intuito de diminuir a influência das civilizações greco-romanas. Petrus Paulus Vergerius (1370-1444), professor em Florença, Pádua e Bologna, sugere a Francesco Carrara, governante de Pádua, sobre a educação de seu filho Ulbertino.

Queiroz (*in* MONGELLI, 1999) afirma que Vergerius, em escritos para defender suas ideias, discute as disciplinas básicas do *trivium*, do *quadrivium* e os estudos universitários mais comuns, como os de Medicina, Lei e Teologia. Seu objetivo principal era justificar a criação de um novo currículo de estudos liberais, incluindo História, Filosofia moral, Retórica e Literatura. Para ele, essa nova proposta seria digna de um homem livre, por meio da qual seriam adquiridas, na teoria e na prática, a virtude, a sabedoria e os dons do corpo e do espírito que enobreciam o homem.

Para Vergerius, a Música deveria ter um lugar na educação do mesmo modo que a Aritmética, a Geometria e a Astronomia. Ele vê validade no velho currículo cristão de formação da juventude, mas possui objetivos educacionais totalmente diferentes. Como prevê a formação de um homem de Estado, suas ideias sobre o que deve ser estudado são guiadas pela utilidade ou não desses estudos para um político. Isto faz com que o currículo tradicional, embora não seja descartado, também não seja enfatizado como essencial. O estudo da Música teria como finalidade estabelecer a harmonia da alma – como queria Sócrates e não queria Santo Agostinho – e como um divertimento para as naturezas moral e espiritual dos homens. Deste modo, o aprendizado da Aritmética, da Geometria e da Astronomia constituir-se-iam em matérias úteis e agradáveis para a juventude.

Duas formas de escolas aparecem na Idade Média. Os eremitas, originários do Egito, viviam só no deserto e acabavam atraindo centenas de pessoas e formavam comunidades isoladas, monásticas. Essas comunidades eram vistas com desconfiança pela igreja, e o modelo monástico, que foi considerado como oficial, foi fundamentado nas concepções de São Bento por volta de 540 d.C. Os monges beneditinos viviam em torno de três regras: rezar, trabalhar e estudar.

No ano 600, o bispo Isidoro de Sevilha, que possuía uma enorme biblioteca, escreve uma Enciclopédia – intitulada *Etimologias* – com todo o conhecimento do mundo. Os três primeiros livros referiam-se às Artes Liberais. Isidoro acreditava que seria sempre mais fácil compreender alguma coisa quando se soubesse a origem das palavras, por isso o título de *Etimologias*. O saber de Isidoro, influenciado pela cultura romana, nega toda realidade material, admitindo somente o valor das palavras. Novamente as ideias de Platão aparecem levadas até as últimas consequências.

Até o século XI, o saber estava concentrado nas escolas monásticas, e nas cidades o ensino estava sob a direção dos bispos. As matérias ensinadas seguiam o currículo do *trivium* e do *quadrivium*. Somente por volta do século XIII aparecem as Universidades de Paris e Oxford (Inglaterra).

COLEÇÃO "TENDÊNCIAS EM EDUCAÇÃO MATEMÁTICA"

No século XV, o sistema das Artes Liberais começa a declinar. O saber tornou-se mais enciclopédico, mais erudito. Amos Comenius, um dos opositores das Artes Liberais, propõe outra forma de currículo em que a Gramática, a Física, a Matemática, a Ética, a Dialética e a Retórica são ministradas em conjunto. Antes de analisarmos como foi o ensino da Aritmética e da Geometria na época medieval, cabe registrarmos os comentários de Nilson José Machado (*in* PERRENOUD, 2002, p. 137) sobre o *trivium* e o *quadrivium*:

> [...] De fato desde o Trivium, o currículo básico na Grécia Clássica, era composto pelas disciplinas de Lógica, Gramática e Retórica. Certamente o que se visava não era o desenvolvimento destas enquanto disciplinas, nem a formação de lógicos e linguistas; visava-se à formação de cidadãos. Depois do Trivium havia o Quadrivium composto pelas disciplinas de Música, Aritmética, Geometria e Astronomia, por meio das quais se buscava um aperfeiçoamento ou uma afinação da mente. No fim da Idade Média, no limiar da Ciência Moderna, ocorre paulatinamente uma inversão das disciplinas clássicas, passando a Matemática e a Física, ainda que sob o rótulo mais amplo de Filosofia Natural, a compor o instrumental para a formação básica, e o interesse pelas Letras e pela Retórica passa a ser associado ao polimento do espírito. No entanto, é importante mencionar que, desde o Trivium, as disciplinas nunca tiveram conceitualmente o estatuto de fim de si mesmas, desempenhando sempre um duplo papel: o de mediação entre o sentido pleno, que incluía a arte e ou mesmo a religião, e aquilo que deveria ser ensinado às crianças, aos indivíduos em formação; e o de meio para construir o desenvolvimento pessoal, para a formação do caráter, para a construção da cidadania. [...]

Observa-se que, embora presente, a Arte tinha uma importância secundária e o *trivium* destinava-se a todos os cidadãos e não visava a qualquer formação específica ou preparação para o trabalho; aliás, não é outra a origem da expressão "isto é trivial".

Capítulo II

A Geometria e a Arte na Idade Média

A Geometria e a Idade Média

A Geometria como conhecimento formal inexistiu desde o fim do Império Romano até os séculos XII e XIII. Carreira (*in* MONGELLI, 1999) cita que se perguntássemos como eram as relações da Geometria com as Artes Liberais, ou melhor, com a cultura erudita na Alta Idade Média, a resposta seria um grande silêncio, já que não existem registros em fontes ou documentos. Desde os últimos séculos do domínio de Roma até os séculos XII e XIII a produção teórica sobre a Geometria era quase que totalmente nula, e é por esse motivo que a História da Matemática Clássica reserva poucas páginas para o tratamento da Geometria nesse período.

Na História da Europa, mesmo que queiramos promover uma revisão histórica sobre o juízo negativo que se tem da Idade Média em função das tendências contemporâneas que vêm lutando para resgatar o mundo medieval para além da cultura bárbara e obscurantista, nenhum especialista pode deixar de reconhecer que alguma coisa de especial aconteceu na Europa entre os séculos V e IX; e que isso significou um movimento de inflexão cultural que, em certo momento e lugar, viveu-se a

COLEÇÃO "TENDÊNCIAS EM EDUCAÇÃO MATEMÁTICA"

"idade das trevas", a "idade da ignorância" e do "caos", em que as ciências e as artes por pouco não sucumbiram.

A guerra, na Europa, perdurou por quase quinhentos anos, o que representou grande prejuízo para o meio intelectual. A recuperação dessa cultura levou alguns séculos. A Idade Média ficou compreendida entre os séculos V e XIV, quando o Renascimento e as grandes navegações marcaram o aparecimento de uma nova época. No período medieval, foram perdidas as fontes nas quais a Geometria era preservada. Não só a Geometria, mas também o Direito, a língua culta e as técnicas.

Mas, se a Geometria perdeu-se como cultura erudita durante esse período, existem rastros que mostram a permanência de um conhecimento geométrico que se desenvolve com criatividade. E foi no cotidiano que apareceram esses rastros. Como afirma Carreira (*in* MONGELLI, 1999), na Idade Média não há uma Ciência Modelar, tudo é assistemático feito com improviso e simbólico para ser categorizado como tal. No período medieval, autores antigos se perderam. As cópias foram pobres e incompletas e tratados originais não foram escritos. A tradição geométrica medieval teve mais ligações com o cotidiano nos seus usos do que em propriedades racionais.

Mas não foi só nos estudos da Idade Média que se teve dificuldade em precisar os limites da disciplina geométrica quando se passa da sabedoria (conhecimento de fato) para a instrução (cultura consciente e institucionalmente desenvolvida). Carreira (*in* MONGELLI, 1999, p. 208) escreve que:

> A impossibilidade de determinar exatamente onde começam e onde terminam as práticas indutivas e as práticas analítico-dedutivas da Geometria em qualquer situação histórica ou étnica que se queira, da mesma forma que a impossibilidade de determinar quando, pela primeira vez, ocorre um gesto de construção geométrica artificial, isto é, cultural, humano, obrigam-nos a reconhecer a nebulosidade que cerca o campo fenomenológico do pensamento geométrico, bem como a dificuldade de reconstituir-lhe uma genealogia rigorosa e exaustiva. A evolução

dos mecanismos de percepção geométrica, do pensamento para a expressão e dos refinamentos desta é um desenvolver contínuo, processual e ambivalente, primitivíssimo, que traz os ecos das experiências dos primeiros hominídeos, e que, justamente por isso, pôde ser vivido de modo mais ou menos semelhante por gregos, medievais, e inclusive modernos. A corrida interminável das letras para expressar todos os nossos pensamentos, ações e produtos geométricos ainda é atual. Essa Antiguidade e essa ambivalência do pensamento geométrico perpetua-se no eterno desafio que é a luta dos aparatos sensórios e do intelecto para dar conta das múltiplas virtudes da realidade espacial.

Verificamos, então, que o poder da palavra escrita se faz presente também para interpretar ideias expressas nas "imagens" geométricas, como se elas não se bastassem, na maioria das vezes, para expressar as ideias subjacentes às representações geométricas. Esse é um fator ainda muito forte no ensino da Geometria na atualidade. Muitas vezes o desenho de um triângulo com a indicação de que os três lados e os três ângulos possuem respectivamente a mesma medida não satisfaz a muitos professores de Matemática, os quais, logo em seguida ao traçado do triângulo, enunciam que "o triângulo equilátero possui os lados e os ângulos respectivamente de mesma medida". Assim:

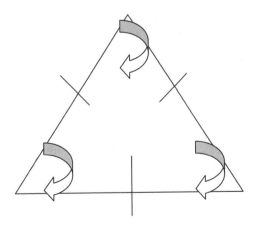

Só a "imagem" poderia bastar ao entendimento, contudo o poder da palavra ainda se faz maior para expressar as representações geométricas, como citado anteriormente. A ambivalência entre o pensamento geométrico e a Antiguidade perpetua-se, segundo o autor, "no eterno desafio que é a luta dos aparatos sensórios e do intelecto para dar conta das múltiplas virtudes da realidade espacial". Carreira (in MONGELLI, 1999, p. 208) complementa afirmando:

> Da fala para a escrita, das imagens "gestálticas" dos pictogramas para as letras e os números, e num plano sociológico e político, da informalidade e da oralidade à burocratização e formalização crescente dos estudos, o pensamento geométrico se expressa e se amplia de infindáveis maneiras, níveis e direções contraditórias, sempre carregando consigo, a modo de um elemento característico, uma história dimensão de interface. Interface entre propriedades dos elementos naturais, conhecimentos práticos e conhecimentos teórico-abstratos. Isto, longe de permitir uma vinculação rigorosa e equivalente com outras disciplinas de igual densidade cognitiva/programática, obriga-nos a considerar com redobrada atenção o problema de seus fundamentos e de sua particular história.

Como exemplo, esse autor analisa a criação da Matemática numérica em relação à Geometria, conjecturando que a primeira nasceu depois da segunda. A Geometria, que está ancorada nas formas do mundo, sempre esteve à frente do trabalho com números, que é criação do homem. Reforçando a força da cultura letrada (p. 209), o autor afirma na sequência que:

> [...] como sabemos, o número em si é apenas um esquema ou uma ordem que se refere a combinações, seja no espaço ou no tempo (lembrando que uma combinação espacial é uma figura geométrica e uma combinação no tempo é um ritmo; de modo que a Música pôde ser tomada como a Geometria traduzida em som). Os signos gráficos e as fórmulas foram uma consequência

da percepção de estruturas espaciais nos sistemas naturais que precisavam ser expressas materialmente de algum modo. Como várias outras ideias básicas da Matemática calcadas em recorrências naturais, o pi e o número da regra da seção áurea – legitimamente chamados de irracionais – são criações culturais, convenções de uma cultura letrada para expressar realidades do mundo das formas, que antecedem a nossa percepção das mesmas.

A Geometria e as Artes Liberais no Mundo Antigo

No momento em que os gregos utilizaram a Geometria como tema principal para "formalizar" a ciência que cuidaria da medição do espaço, ficou institucionalizada a ideia de medição de terra como faziam os egípcios. No Egito, o pensamento geométrico, que foi pré-requisito para a agrimensura, acabou se articulando em um método que originou a Geometria.

Boyer (1974) revela que as ideias de Heródoto e Aristóteles podem ser consideradas como representantes de duas teorias opostas em relação à origem da Matemática. O primeiro acreditando que a origem estivesse ligada à necessidade prática e o segundo, que ela estivesse no lazer sacerdotal. Os geômetras egípcios eram chamados de agrimensores "esticadores de corda"; este fato apoia as duas teorias pois, as cordas eram utilizadas para realinhar demarcações apagadas pelas enchentes dos rios ou para traçar as bases dos templos.

Analisando as origens dos registros da Arte e da Matemática em um tempo mais remoto, podemos perceber que os desenhos e as figuras do homem neolítico, que embora possa ter menos tempo para o lazer e pouca necessidade de medir terras, mostram preocupação com as relações espaciais que abriram o caminho para a Geometria. Desenhos em potes, tecidos e cestas são exemplos de simetria que são conceitos tratados pela Geometria Elementar.

Os gregos, então, formalizaram o que chamamos de Geometria Erudita. Partindo dos conceitos dessa Geometria, o pensamento grego chegou até a Geometria Dedutiva.

A Geometria aprendida com o saber egípcio era um conhecimento importante na cultura da elite grega. Daí, a Geometria assume a sua condição de Arte Liberal. Platão recomendava que as crianças gregas da aristocracia fossem submetidas ao aprendizado da Aritmética, da Geometria e da escrita. Posteriormente, Aristóteles, em suas propostas, assim como Platão, realça o valor da palavra, o que servirá de referência para um pensamento que terá forte influência sobre toda a tradição posterior. Para Carreira (*in* MONGELLI, 1999), esta era uma tradição na qual o lugar de destaque das letras no conjunto das disciplinas eruditas ofusca em boa parte a base matemática da educação e, em particular, da Geometria. Esta prática é decorrente da criação da *pólis* e das necessidades de um novo mundo urbano. Em consequência das limitações da cultura aristocrática e elitista dos antigos filósofos, se originaram os novos programas pedagógicos mais sistemáticos e que atendiam de um modo mais eficiente às necessidades do Estado democrático, antes de atenderem aos interesses das famílias nobres.

Após Aristóteles, a Geometria não recuperou seu espaço entre as Artes Liberais. A Pedagogia grega foi incorporada aos romanos quando foi dado maior realce aos conhecimentos linguísticos, reservando um lugar menos expressivo à Geometria, pois a sociedade romana ligada aos valores público-políticos prestigiava o discurso e o formalismo. Quintiliano (c.35-120d.C) dizia que a Geometria é composta de números e formas e evolui até conhecer a ordem do universo (*ratio mundi*); mas não ia além disso, reconhecendo apenas e contraditoriamente que ela tem algo de útil para a primeira idade.

Famoso orador ibero-romano, Quintiliano tinha opinião semelhante a de outras personalidades do período, e isso era o espelho de um pensar coletivo que valorizava o público-político, e no qual a Geometria, em particular, era vista como uma disciplina auxiliar. O que acontece, então, é que a Geometria foi perdendo espaço e, consequentemente, desaparecendo da formação superior, ficando restrita ao ensino dos níveis iniciais.

O caminhar da Matemática na Idade Média

Também a Aritmética, que geralmente é definida como a ciência dos números, não teve significativos progressos na Idade Média, assim como já havia acontecido no período romano. Segundo Milles (*in* MONGELLI, 1999, p. 163), Morris Kline, conceituado autor contemporâneo, nos oferece a seguinte explicação para esse fato:

> Parece que a civilização romana foi improdutiva em Matemática porque estava demasiado preocupada com resultados práticos para ver além do seu nariz. O período medieval, por outro lado, foi improdutivo porque não estava preocupado com a *civitas mundi* mas com a *civitas dei* e com a preparação para o outro mundo. Uma civilização era orientada para a terra, a outra, para o céu... Há suficiente evidência histórica para mostrar que a Matemática não pode florescer em nenhum desses climas.

Também a Geometria não chegou a ser objeto de um projeto sistemático. Pouco a pouco, com o desaparecimento das instituições romanas, das matérias que fizeram parte do *quadrivium*, somente a Aritmética e a Música interessavam ao clero e, assim, a Geometria foi desaparecendo dos textos.

Até o século IX, pouco muda para que as Artes Liberais saiam do ostracismo, embora ocorressem tentativas para a construção de uma educação formal. O Concílio de Roma determinou que fossem tomadas as providências para nomear mestres e doutores que ensinassem as letras, as Artes Liberais e os sagrados dogmas, mas nada resultou dessa medida. As Artes Liberais em geral e a Geometria em particular eram, por um lado, valorizadas pelo seu valor erudito e, por outro, havia fragilidade na sua formulação.

Martinianus Mineus Felix Capella foi referência para a cultura da Alta Idade Média. Ele apresenta, no seu livro *De nuptiis Philologiae et Marcurii et De septem artibus liberalibus libri IX* (Núpcias de Mercúrio e Filologia e as sete Artes Liberais em nove livros) a síntese das disciplinas que serviram como modelo durante muitos anos.

Capella encanta com o modo como define o *trivium* e o *quadrivium* por seu simbolismo geométrico, ressaltando a importância do número sete que vinha dos tempos mais longínquos com os sete sacramentos que se dividem entre os ligados à vida espiritual (Batismo, Confirmação e Eucaristia) e os ligados à vida terrena (Penitência, Ordem, Matrimônio, Extrema-Unção). Defende também que o três ou o triângulo está ligado à Divindade e o quatro ou o quadrado é o número do homem.

Talvez o sucesso de seu livro se deve à essa associação e, como ele não era geômetra, a Geometria não ficou mais importante. Isidoro de Sevilha, Cassiodoro e Boécio, autores que aparecem em seguida, não contribuem para uma maior valoração da Geometria em suas obras, embora Boécio (c.480-524), em sua obra, é o autor que mais avança sobre problemas geométricos e é nela que se percebe que a Geometria recebe um tratamento diferenciado. Por sua vez, Lauand (1986) elogia o trabalho de Boécio escrevendo ele salvou a cultura antiga no caso da experiência medieval.

Com uma obra de grande valor, não apreciada na atualidade como deveria ser, Boécio desenvolveu um trabalho simples e pouco original, voltado ao aprendizado elementar, que preservou e salvou a cultura antiga. Isso foi possível graças à pequena disposição que os ostragodos (povos bárbaros) tinham em aprender, fazendo com que seu trabalho tivesse repercussão na época.

Podemos considerar a obra de Boécio como pequenas sementes que, depois de um demorado processo, iriam germinar em solo novo. Ele era um romano, grande conhecedor da cultura grega, que percebeu que o esplendor cultural do mundo antigo havia passado e que, com a invasão dos povos bárbaros na Europa, o seu público agora eram os ostragodos.

Para se ter ideia das dificuldades encontradas por Boécio, em sua obra *Ars Magna* ele pede licença aos ostragodos leitores, que, governados por Teodorico, dominavam a Europa, para fazer demonstrações de três teoremas dos mais fáceis. Seu objetivo era não deixá-los na obscuridade e que, no futuro, essas sementes pudessem dar fruto. Ainda assim, como afirma Carreira (*in* MONGELLI, 1999), ainda que o homem medieval não fizesse da Geometria um objeto de estudo, jamais ficou privado da sensibilidade às imagens abstratas e das relações espaciais entre objetos da natureza.

A partir do século XI, a Geometria começa a recuperar o seu prestígio. Leonardo Fibonacci (1170-1250) escreve dois livros – *Practica geometriae* e *Liber quadratorum*. Fibonacci dá à Geometria um novo tratamento e coloca a Europa na vanguarda do pensamento matemático. Essa retomada da Geometria tem seu auge em Brunelleschi (1377-1446), com sua teoria perspectiva.

Mesmo assim, a Geometria não aumenta sua importância na formação universitária. A consolidação da Geometria dar-se-á graças ao trabalho de artistas e engenheiros, e não em função dos professores, filósofos ou teólogos. A partir do século XII, a Geometria começa a ganhar um corpo teórico e encontra o caminho para readquirir a importância e destaque na Arte renascentista.

Capítulo III

A Matemática e a Arte no Mundo Moderno e na contemporaneidade

O Mundo Moderno, a Arte e a Matemática

Considerando a divisão para fins didáticos da História, a Idade Moderna compreende o período que vai de 1453 até 1789, quando eclode a Revolução Francesa. A Renascença marca o período de transição entre as Idades Média e Moderna. Gombrich (1995) escreve que "renascença" significa ressurgir ou nascer de novo, e a ideia de renascimento ganha espaço na Itália desde Giotto. Quando se queria fazer, nesse período, um elogio a uma produção artística, diziam que ela era tão boa quanto as obras antigas. Giotto era considerado um mestre líder do ressurgimento das artes e suas obras eram consideradas tão boas quanto as dos famosos mestres louvados na Grécia e na Roma antiga.

Giotto viveu por volta de 1300 d.C. Em 1453, os turcos conquistaram Constantinopla, o que representou um colapso no Império Bizantino, com o expatriamento para a Itália dos seus intelectuais. Estes trouxeram consigo tesouros do pensamento antigo. Era a Renascença, um novo período que se iniciava.

Nesse período, a Itália revela ao mundo ocidental visões de uma nova arte, novos costumes e interesse pelas coisas do espírito e da natureza. O Humanismo traduz esse retorno à cultura helênica. Em primeiro lugar, ocorre a divulgação dos textos antigos. Plínio, Platão e Aristóteles, entre outros, tiveram sua obras editadas. De 1450 a 1500, foram impressos 13.000 livros. Todas as disciplinas são restabelecidas e as línguas são instauradas. As cátedras universitárias são renovadas, eruditos civis substituem os clérigos. O Humanismo, segundo Castagnola (1972, p. 61), "pode, com razão, definir-se pela palavra: o homem potenciado, celebrado, exaltado até a divindade, livre de si mesmo, dominador da natureza, senhor do mundo". Começam a aparecer pessoas sábias, preceptores eruditos e grandes bibliotecas.

Surgem, além das cátedras, centros de ensino livre em várias localidades. A cidade de Florença, uma das principais, contava com 14 desses centros. Em quase toda parte subsiste o enciclopedismo. De acordo com René Taton (1960, p. 17), "Paolo Giovio torna-se analista; Aldrovandi, arqueólogo; Pierre Gilles, geógrafo; Fernel, geodesista; Peletier, gramático e matemático".

Essa nova ordem multiplica a crítica. Lutero, se libertando do jugo do latim, traduz o *Evangelho* para o Alemão, reabilitando o livre exame. Em 1492, Colombo descobre a América.

Discorrendo sobre as Matemáticas desse período, Taton (1960) afirma que "no domínio das matemáticas, ao mesmo tempo em que se revela a riqueza da herança grega, italianos e alemães rivalizam na criação de uma verdadeira álgebra".

A Álgebra e a Aritmética do Renascimento jamais se utilizam de fórmulas, ao contrário, oferecem regras e dão exemplos em analogia ao que faz a Gramática, que nos diz as regras que devemos seguir e os exemplos que devemos aceitar e aplicar às variações, como no caso dos substantivos e as conjugações para os verbos. Em Aritmética e Álgebra, como na Gramática, esses exemplos transformam-se em modelos sem jamais transformarem-se em fórmulas. O pensamento do algebrista, igual ao pensamento do gramático, permanece semiconcreto, seguindo a regra geral, mas operando sobre casos – palavras ou números – concretos.

No que se refere à Arte, os artistas do Renascimento procuram imitar a natureza em tudo, o que, em sua opinião, ela tem de essencial e perfeito. Benedito Nunes (2006, p. 41) destaca que:

A concepção que prevalece a partir dessa época, e para cujo triunfo colaboraram, entre outros, um Leonardo da Vinci (1452-1519), um Giordano Bruno (1548-1600) e um Galileu (1564-142), é que a Natureza é um todo vivo, animado e regido por leis intrínsecas que governam o curso dos astros, a queda dos corpos, a circulação do sangue, a distribuição dos elementos, o ciclo das marés e o equilíbrio das massas. Galileu dizia que o livro da Natureza está escrito em linguagem matemática, e que suas palavras são círculos e outras figuras geométricas. Essas palavras também são leis, determinando a formas dos seres existentes por certas relações constantes, de ordem geométrica, essenciais à perfeição do todo, e que definem a beleza própria das coisas naturais que a arte tem por objeto representar.

Observa-se que esses importantes personagens da Renascença embasaram uma mudança de pensamento em relação à Arte e uma aproximação entre ela e a Matemática. Benedito Nunes (2006) destaca que no Renascimento ocorre um significativa mudança em relação a Idade Média, na maneira de encarar a Pintura, a Escultura e a Arquitetura, que anteriormente eram encaradas como artes servis. Leonardo da Vinci e outros artistas reivindicam para essas artes o *status* de atividade intelectual, que antes era só concedido à Poesia. As belas-artes ganham o reconhecimento de síntese da práxis com a imaginação, da atividade formadora com a inteligência, que tem como objetivo registrar a beleza das formas naturais em obras que peçam, simultaneamente, a visão sensível e a contemplação intelectual.

Para Leonardo da Vinci, a Pintura era um meio de analisar a natureza produzindo uma visão especulativa de suas formas regulares, que estariam sujeitas às mesmas leis que as ciências começariam a identificar e traduzir em linguagem matemática. A visão do artista realiza essa análise, sua atividade a transforma em obra e ambas se complementam na síntese do quadro que mostra em sua beleza, por meio da perspectiva geométrica, uma parte da realidade natural.

Benedito Nunes (2006, p. 42) continua discorrendo sobre a Ciência e Pintura, Platão e Leonardo da Vinci:

> Somente a Pintura é capaz de oferecer aos sentidos uma tradução sensível, sem erros, da mesma realidade perfeita que o intelecto aprende por meio de conceitos gerais e do raciocínio. A função da Pintura é paralela à da Ciência e da Filosofia. Dada a condição especulativa atribuída a essa arte, não deve causar surpresa Leonardo da Vinci ter dito que são inimigos da natureza e da Filosofia aqueles que desprezam a Pintura. Pode-se ver nesse pensamento uma réplica à desvalorização platônica das composições imitativas.
>
> Platão dizia ironicamente, que a propriedade da Pintura e da Escultura, para representar os mais diferentes seres – a terra, o céu, os animais e os deuses – não era diferente da propriedade dos espelhos para refletir tudo o que se opõe diante deles. Se os movimentarmos em todas as direções, veremos, de pronto, refletirem na superfície polida as imagens das coisas, e só as puras imagens, que não possuem verdadeira existência. Esse poder de criar aparências é assumido realisticamente pelos artistas do Renascimento, no que se refere à função da Pintura.

Segundo Leonardo da Vinci escreveu em seu Tratado de Pintura, Benedito Nunes (2006, p. 43), o pintor "há de se fazer como o espelho que reflete todas as cores que colocamos diante dele, parecendo converter-se numa segunda Natureza". A Renascença começa a resgatar a importância das Artes e da Geometria no contexto cultural.

O século XV, classificado como período inicial do Renascimento, foi testemunha do reaparecimento da Arte e do Saber na Europa.

Fazendo uma análise sobre o final do século XV em relação à tradição e à inovação que esse período representou para a Arte, Gombrich (1995, p. 247) mostra que, no final do século XV,

> as novas descobertas que os artistas da Itália e Flandres tinham feito nos começos do século XV produziram um

frêmito de emoção em toda a Europa. Pintores e Mecenas estavam igualmente fascinados pela ideia de que a arte pudesse ser usada não só para contar a história sagrada de uma forma comovente, mas para refletir também um fragmento do mundo real. Talvez o resultado mais imediato dessa grande revolução na arte tenha sido os artistas começarem por toda parte a realizar experiências e a buscar novos e surpreendentes efeitos. Esse espírito de aventura que se apoderou da arte no século XV assinalou a verdadeira ruptura com a Idade Média.

No século que se seguiu, a Álgebra e a Aritmética continuaram a se desenvolver e, nesse período, matemáticos italianos fizeram a mais importante descoberta do século XVI, que foi a solução algébrica de equações do terceiro e do quarto graus.

Para a Geometria, um importante acontecimento foi a tradução do Comentário sobre Euclides, Livro I, de Proclus, e das Secções de Apolônio livros I-IV e dos Elementos de Euclides e de alguns trabalhos de Arquimedes. Com a publicação dessas traduções gregas sobre Geometria, ela começou a ter novamente o papel de destaque que foi perdido na Idade Média.

Sobre o desenvolvimento da Geometria Projetiva, que despertou muito interesse para o trabalho dos pintores, Eves (1992, p. 15) argumenta que num ideal de se produzirem quadros mais realistas, vários artistas e arquitetos tiveram interesse em descobrir as leis formais que regiam a construção de objetos sobre uma tela; e no século XV já aparecem elementos de uma teoria geométrica subjacente à perspectiva.

Geômetras antigos já haviam estudado alguns aspectos sobre o assunto. No século XVII, a teoria foi consideravelmente ampliada por um grupo de matemáticos influenciados pelo engenheiro e arquiteto Gerard Desargues. Motivado por interesses cada vez maiores que artistas e arquitetos tinham sobre uma teoria mais profunda sobre perspectiva, ele publicou, em 1639 na cidade de Paris, um importante tratado sobre cônicas que explorava a ideia de projeção.

Embora esse trabalho não tenha sido valorizado pelos matemáticos da época, que estranharam a terminologia utilizada, e somente dois séculos depois, em 1845, tenha sido reconhecido pelo matemático Michel Chasles, esse estudo foi mais uma importante tentativa de aproximação da Arte e Matemática.

Dois anos antes da publicação de Desargues, René Descartes (1596-1650) introduziu os conceitos da Geometria Analítica, um dos mais importantes métodos da Matemática, e cuja ideia básica era a interpretação e solução algébrica de problemas geométricos, conceitos que foram desenvolvidos por Antoine Parent em 1700. A Geometria Analítica como um método da Geometria chamou mais a atenção dos matemáticos que a Geometria Projetiva, considerada como um ramo da Geometria.

Somente no final do século XVII, com Gaspar Monge, que criou a Geometria Descritiva, a Geometria Projetiva voltou a ganhar importância entre os matemáticos. Mas o lugar de destaque veio a ser ocupado com Poncelet, que, em 1822, publicou sua obra sobre a Geometria Projetiva.

Na Matemática, a mais importante criação feita no século XVII foi a do Cálculo Diferencial e Integral. Isaac Newton e Wilhelm Leibniz dividem esse importante feito. O Cálculo, como é usualmente chamado, foi desenvolvido a partir da Álgebra e da Geometria e tem como uma de suas finalidades o estudo de taxas de variação de grandezas como, por exemplo, a inclinação de uma reta e a acumulação de quantidades como o volume de um sólido ou a área sob a curva, mostrada na figura a seguir:

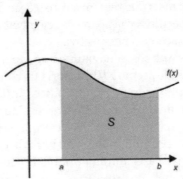

Superfície S abaixo da curva f(x)

O Cálculo Diferencial e Integral permite determinar a área S.

Eves (1992, p. 17), discorrendo sobre a importância da criação e aplicação do Cálculo Diferencial e Integral, afirma:

> Uma parte considerável dessa aplicabilidade situa-se no campo da Geometria, e há uma imensa parte da Geometria em que as propriedades das curvas e das superfícies e suas generalizações são estudadas através do Cálculo. Essa parte chama-se "Geometria Diferencial". Em geral, a Geometria Diferencial estuda as curvas e superfícies apenas nas vizinhanças imediatas de seus pontos.

O Cálculo foi aperfeiçoado por Augustin Louis Cauchy no século XVIII e tornou-se, então, um dos principais ramos da Matemática, que serviu como "ferramenta" para outras áreas como, por exemplo, a Física. Com a criação do Cálculo, a Geometria, assim como citado anteriormente para a Arte, volta a ocupar um papel de destaque no mundo do conhecimento moderno.

Avançando para o século XVIII e, agora, focando a Arte, Benedito Nunes (2006) discorre sobre o princípio fundamental para a estética nesse século. Esse princípio fundamental faz um paralelo entre Arte e Ciência e, segundo o autor, pode ser resumido da seguinte forma:

> Na Ciência, a verdade é sempre geral: os seus conceitos reduzem a realidade a determinadas formas abstratas, nas quais se dissolvem em aspectos singulares dos fenômenos. Na Arte, há predominância tanto do individual como do sensível. É por isso que ela se assemelha à Verdade, traduzindo aquilo que é possível ou provável. Diante de uma representação artística, não nos interessa saber se o representado existe ou não, mas se o artista, respeitando as leis da natureza, o tornou possível.

O princípio fundamental para a estética tem origem na discussão sobre a mimese ou imitação, cuja primeira interpretação foi feita por Sócrates, Benedito Nunes (2006, p. 38), que afirmava que:

Se o escultor e o pintor podem reconhecer as coisas que são belas, associando-as entre si num modelo ideal, é porque já têm a ideia de Beleza como perfeição. Na verdade, eles não imitam, e sim idealizam o modelo; o escultor seleciona, de conformidade com essa ideia, as partes de cada coisa e de cada corpo humano que melhor representam a perfeição concebida.

Ressaltando outro aspecto nas considerações de Sócrates, o autor continua afirmando que o artista e, em particular, o escultor, ao alcançar a beleza, consegue reproduzir o seu estado interior, os movimentos da alma do seu modelo. Ele só considera seu trabalho finalizado quando a obra é capaz de produzir a impressão da vida. Esta impressão é favorecida na tridimensionalidade da Escultura, mas a Pintura, presa às limitações da superfície, não produz com a mesma intensidade da outra arte a ilusão da vida e do movimento. Entretanto, em conjunto, as duas – Pintura e Escultura – tocam o real pela semelhança de suas representações com os objetos, e serão tanto mais perfeitas quanto mais se aproximarem da beleza que devem imitar.

Em oposição a esse pensamento, Platão considera a existência de somente dois atos miméticos fundamentais: a imitação, primeiramente realizada pelo demiurgo, que criou as coisas sensíveis, tendo como modelo as coisas imutáveis; e a mimese moral, que a alma, com desejo de reinvestir-se de sua condição espiritual perdida, faz do Bem e da Beleza, no intuito de se assemelhar àquilo que contempla intelectualmente. Benedito Nunes (2006, p. 38) coloca a opinião de Platão afirmando que:

> O pintor e o escultor imitam as coisas desse mundo, que o demiurgo já copiou da realidade perfeita. O mérito desses artistas é diminuto e mesmo nulo. Que adianta, pergunta Platão, reproduzir aquelas formas que são inferiores, terrenas e sensíveis, quando há outras, supremas, que justificam o esforço do conhecimento intelectual? A Pintura e a Escultura não imitam a ideia a forma essencial, que é verdadeira realidade,

mas a aparência sensível, já ilusória, defectiva, que o conhecimento intelectual tem por fim ultrapassar.

Já Aristóteles possui um pensamento diferente acerca da imitação. Para ele, a imitação artística é um prolongamento de uma tendência natural dos homens e dos animais, ou seja, uma imitação. A imitação é consequência da necessidade da aquisição de experiência. Segundo Benedito Nunes (2006, p. 40), para Aristóteles a imitação:

> É um meio rudimentar de aprender e de conhecer, que pressupõe o espontâneo exercício da faculdade intelectual: não se pode imitar sem imaginar e comparar. No homem, a tendência imitativa está associada à própria Razão, a qual se manifesta na arte, que é o modo correto, racional de fazer e produzir, segundo o conceito aristotélico.

Por fim, citamos Diderot (1713-1784), que contribuiu para a formalização do princípio fundamental para a estética no século XVIII, para o qual o pressuposto da mimese é uma concepção do mundo racionalista e realista ao mesmo tempo. Benedito Nunes (2006, p. 44):

> O homem, animal racional, vive num universo também racional, ordenado onde o Bem é superior ao Mal e o Belo prima sobre o Feio, como a Ordem sobre a Desordem e a Forma sobre a Matéria. Há dois modos de acesso à Realidade assim concebida: o *conhecimento teórico*, objetivo, fundado na razão, que aprende a essência das coisas e as leis verdadeiras que as regem, e a Arte, que, nada aprendendo no sentido do conhecimento real e verdadeiro, representa tanto as coisas que existem como aquelas que, de acordo com as leis mais gerais da Natureza, apenas são possíveis.
>
> Para Diderot que aceitou e interpretou a seu modo o princípio da *imitação*, a Natureza, espetáculo comum, impõe-se ao artista como modelo, no qual deverá

buscar não apenas os seus temas, mas o próprio senso de composição à Pintura e à Escultura.

Nessas artes prevalecem as duas qualidades principais que imperam em qualquer recanto natural, em qualquer parte do mundo: a verdade e a harmonia. A verdade na Arte, que combina a observação com a imaginação, a reprodução dos fatos comuns com a escolha dos excepcionais, os traços exteriores da Natureza com aqueles que a fantasia inventa, é um outro nome para a Beleza, pois, que esta não é senão o verdadeiro revelado por circunstâncias possíveis, mas raras e maravilhosas.

Em relação à Matemática do século XVIII, Boyer (1974, p. 344) pergunta:

O século XVIII teve a infelicidade de vir depois do dezessete e antes do dezenove? Como poderia qualquer período que seguisse o Século do Gênio e precedesse a "Idade Áurea" da Matemática ser considerado como outra coisa senão um interlúdio?

Para responder a essa pergunta, podemos ponderar sobre a importância do século XVII citando a criação do Cálculo e da Geometria Analítica. Adicionalmente, no século XIX surge o rigor matemático e floresce a Geometria. Portanto, o século XVIII não é referência para as tendências significativas da Matemática, embora, em outros campos, tenha abrigado grandes mudanças sociais, como o início da Revolução Industrial na Inglaterra, a independência para os americanos em 1776, a Revolução para a França em 1789 e o início da Idade Contemporânea.

Mas foi da França que veio a grande contribuição dos matemáticos à época da Revolução e que serviu como referência para o desenvolvimento da Matemática no século XIX. Pode-se acrescentar à lista de revoluções da época mais duas: a revolução geométrica e a analítica. Seis homens passaram a indicar os novos caminhos na Matemática: Monge, Lagrange, Laplace, Legendre, Carnot e Condorcet.

Grande número de manuais de Geometria foram publicados devido à expansão do ensino das matemáticas no decorrer do século XVIII. Algumas dessas publicações traziam muitos elementos de renovação. Em alguns países do ocidente, a maioria dos compêndios de ensino deixou de lado o excessivo rigor e o formalismo apresentado por Euclides, sendo apresentados de modo mais concreto e mais adequado às novas propostas pedagógicas.

René Taton (1960, p. 39) comenta a respeito dos manuais e do ensino na época que:

> Ao passo que na Alemanha o ensino tomava um caráter resolutamente prático, na França obras destinadas aos práticos, como a de S. Leclerc, competiam com os outros manuais que, segundo o exemplo dado por Ramus (1569) e Antoine Arnauld (1667) procuravam apresentar os princípios da Geometria de uma forma mais natural do que Euclides. E o próprio Clairaut não desdenha de publicar *Elementos de Geometria* (Paris, 1741) onde, afastando todo rigor demasiado penoso, esforça-se através de um amplo apelo à intuição no sentido de encontrar o caminho da descoberta. O triunfo das ideias enciclopédicas e do sensualismo de Condillac contribuiu para o êxito deste novo método, contra o qual, entretanto, se manifesta uma clara reação no fim do século. Esta volta ao rigor é ilustrada por dois manuais cujas numerosas edições e traduções influíram duradouramente no ensino da Geometria em muitos países do ocidente: os Elementos de Geometria de Legendre (Paris, 1794) e os de S. F. Lacroix (1799).

A contemporaneidade, a Matemática e a Arte

A Revolução Francesa pontua o início da Idade Contemporânea, que vai marcar um novo período na maneira de viver e trabalhar dos artistas. A Arte ocupava um lugar de destaque que viria a ser ameaçado pela Revolução Industrial, que, pouco a pouco, eliminaria o artesanato, visto que o trabalho manual seria substituído pela produção mecânica.

Em análise feita sobre o século XIX, Gombrich (1995) mostra que na Arquitetura apareceram os resultados mais imediatos dessa mudança. A falta de um artesanato sólido em uma estranha combinação de "estilo" e beleza quase determinou o seu fim. No século XIX, a quantidade de construções provavelmente foi maior do que todos os períodos anteriores somados. Nesse período, o grande aumento das cidades inglesas e americanas converteu áreas rurais em construídas. Porém, nesse período de grande atividade as construções não possuíam um estilo próprio. Regras empíricas e livros de modelo que tinham dado grande contribuição até o período georgiano caíram em desuso por serem considerados muito simples ou feitos sem arte.

Quando planejavam uma construção de qualquer tipo, a sociedade civil ou o poder público queriam a Arte pelo dinheiro investido, e depois das outras especificações atendidas, o arquiteto acrescentava uma fachada em estilo gótico ou convertia o edifício em uma imitação grosseira de castelo normando, palácio renascentista ou mesmo mesquita oriental. O século XIX não foi bom para os arquitetos.

A Pintura e a Escultura foram menos afetadas nessa ruptura da tradição de estilo, mas os artistas nunca estiveram livres das dificuldades, incertezas e angústias, embora, nessa época, houvesse constantemente encomendas de retratos e de quadros para decoração, entre outros. O pintor ou escultor podiam trabalhar em todas essas linhas atendendo à expectativa do cliente.

Se, de um lado a possibilidade de trabalhar em todas as linhas desse estabilidade aos artistas, de outro a possibilidade do seu gosto coincidir com o gosto dos clientes era cada vez menor. Gombrich (1995) mostra que, embora o comprador tivesse um gosto definido, o artista não se obrigava a satisfazer seus pedidos. Quando atendia às imposições do cliente por falta de dinheiro, sentia ter perdido seu amor-próprio e o respeito pelos outros. Se por razões internas decidia rejeitar um pedido de uma obra, corria o perigo de passar fome. Desse modo, houve uma grande divergência entre os artistas que se permitiam obedecer às convenções e atender às solicitações e os que tinham orgulho de seu isolamento por vontade própria

Outro agravante era que a Revolução Industrial contribuiu para o fim do artesanato e a ascensão de uma nova classe média sem tradição que, necessitando de bens comuns comercializados como artísticos, teve o seu gosto pela arte piorado.

Surgiu, então, uma desconfiança entre artistas e público. O artista passou a ser encarado como um charlatão que pedia valores altos por uma obra duvidosa. Os artistas, por outro lado, tinham prazer em causar espanto à burguesia e passaram a se considerar como um grupo à parte.

Houve mudanças nos cabelos, nos modos de se vestir, desafiando a todo tipo de convenção social estabelecida. Longe de chegar a um consenso, essa situação talvez tivesse que ser assim e, embora a carreira de um artista estivesse cheia de situações perigosas, o novo tempo oferecia compensações. Os perigos são óbvios. O artista que concordava com o gosto de pessoas que não possuíam educação estética vendia sua alma e estava perdido.

Acontecia o mesmo com o artista que, se considerando acima da média, dramatizava a situação pelo motivo de não ter interessados em sua obra. Mas a situação só era crítica para os artistas sem propósitos, pois a grande variedade de opções e a independência dos caprichos do cliente alcançada por preço tão alto também tinha suas vantagens. A arte pela primeira vez tinha por finalidade expressar a individualidade. E essa ideia só poderia progredir quando ela tivesse perdido todas as outras finalidades. Nessa época, isso já era uma verdade, pois as pessoas interessadas em Arte começaram a procurar não mais obras vulgares e sim a Arte que as aproximasse dos homens com os quais valeria a pena se relacionar. Trabalhos que mostrassem sinceridade, originalidade e consciência artística.

O modo como a Pintura é vista nesse século difere muito de como ela foi tratada em períodos anteriores, em que os artistas mais importantes eram os que recebiam encomendas maiores. No século XIX, ocorreu um distanciamento entre os artistas de "sucesso", que faziam a arte oficial, e os artistas que, não participando dessa arte, só foram reconhecidos depois de mortos.

O final desse período foi marcado por grande progresso material, época em que os artistas sentiram-se marginalizados e descontentes com a finalidade e o tipo de Arte que o público apreciava. Na última década do século XIX, surge o movimento por uma nova Arte ou *Art Nouveau*. Aparecem novos tipos de materiais e ornamentos na Arquitetura. Ocorre a busca no Oriente e, em particular, no Japão, por novos padrões e ideias que abandonavam o conceito de simetria e exploravam as curvas sinuosas.

Sobre esse final de século, Gombrich (1995) afirma que a exigência de "estilo" e a confiança de que o Japão contribuísse para tirar a Europa dessa situação incômoda não ficaria limitada à Arquitetura. O inconformismo e descontentamento com a pintura que tomou conta dos artistas mais jovens não possui explicação fácil. Mas é importante entendermos sua origem, pois, a partir desse sentimento, desenvolvem-se vários movimentos que recebem hoje de modo usual o nome genérico de "Arte Moderna".

Em relação à Matemática, o século XIX é chamado por Boyer (1974) de "A idade de ouro da Geometria". Entre os ramos da Matemática, a Geometria tem sido a que mais se sujeitou às mudanças de uma época para outra. Subiu ao topo na Grécia clássica para cair quase ao esquecimento no final do Império Romano. Recuperou-se em parte na Arábia e na Europa do Renascimento; no século XVII esteve no começo de uma nova era, mas foi novamente colocada de lado, ao menos pelos pesquisadores de Matemática. Por quase duzentos anos permaneceu sob os ramos fecundos da nova análise. Em particular, a Inglaterra lutou para novamente colocar os Elementos de Euclides em posição de destaque, embora pouco fazendo para o desenvolvimento da pesquisa no assunto.

Como citado anteriormente, a Geometria teve um impulso durante a Revolução Francesa por meio dos matemáticos Monge e Carnot. No início do século XIX, os estudos de Geometria tiveram como grande incentivadora a Escola Politécnica de Paris.

A Geometria Diferencial, que foi criada durante o século XVI, recebe contribuições de Monge no século seguinte. Este inicia o chamado "primeiro período da Geometria Diferencial". Gauss introduz o estudo da Geometria Diferencial de curvas e superfícies por meio de representações paramétricas desses objetos inaugurando o segundo período. E, de acordo com Eves (1992), Bernhard Riemann deu início ao terceiro grande período da Geometria Diferencial. Aparece aqui a confirmação da tendência recente de se empenhar pela maior generalização que se puder fazer.

Era preciso dois procedimentos para que se alcançasse esse desenvolvimento: um aperfeiçoamento da notação e um procedimento que fosse independente da utilização de qualquer sistema de coordenadas. Nesse sentido é que foi desenvolvido o Cálculo Tensorial. As Geometrias Diferenciais generalizadas, chamadas de Geometria Riemannianas, foram muito exploradas e estas, por sua vez, levaram às Geometrias não Riemannianas e a outras. A Teoria da Relatividade e a Física Moderna encontraram aplicações importantes para grande parte desse conhecimento.

Surge também a Geometria não Euclidiana criada por Bolyai e Lobachevsky. Uma Geometria não Euclidiana é um sistema geométrico constituído sem a ajuda da hipótese euclidiana das paralelas, contendo uma suposição sobre paralelas incompatível com a de Euclides.

A sociedade burguesa viveu uma crise de identidade nas últimas décadas do século XIX até a metade da segunda década do século XX, e nada além desse fato, segundo Hobsbawm (1996), pode caracterizar melhor essa crise do que a história das Artes nesse período. Foi uma época em que foram perdidas as referências tanto pelas Artes como pelo público. Os artistas partiram para a inovação e experimentação, vinculando-se a um número cada vez maior de utopias. O público, menos os dominados pela moda e pelo esnobismo, ficava na defensiva dizendo não entender de Arte, mas sabendo do que gostava, ou escolhia as obras clássicas cuja qualidade era garantida pela opinião das gerações.

COLEÇÃO "TENDÊNCIAS EM EDUCAÇÃO MATEMÁTICA"

Sobre as Ciências nesse período, Hobsbawm (1996, p. 339) escreve que:

> Há épocas em que o modo de aprender e estruturar o universo é transformado inteiramente num breve lapso de tempo, como nas décadas que antecederam a Primeira Guerra Mundial. Todavia, na época, essa transformação foi entendida, ou mesmo notada, por um número relativamente reduzido de homens e mulheres em alguns países e, às vezes, apenas por minorias, mesmo dentro dos campos de atividade intelectual e criativa que estavam sendo transformados.

A transformação intelectual implicava em deixar de pensar o universo como algo inacabado, cuja conclusão baseada na compreensão dos fatos, causas determinando efeitos, leis da natureza, na razão e no método científico não demoraria muito. Esses modelos do universo, e o modo de serem compreendidos, agora faliam. Para a sociedade burguesa dominante, o modelo estático de universo herdado do século XVII produzia não apenas permanência e previsibilidade, como também transformação. Uma produção foi o progresso secular para os assuntos humanos, mas esse modelo de universo e a compreensão da mente humana sobre ele perdiam nesse momento sua validade.

Analisando a estruturação intelectual do mundo burguês, Hobsbawm (1996, p. 341) afirma que esse mundo:

> [...] excluía as antigas forças religiosas da análise de um universo no qual o sobrenatural e o milagroso não podiam ter nenhum papel, e reservava pouco lugar analítico às emoções, a não ser como produtos das leis da natureza. Contudo, com exceções marginais, o universo intelectual parecia caber em ambas as coisas, com a compreensão intuitiva do mundo material (a "experiência dos sentidos") e com os conceitos intuitivos, ou ao menos muito antigos, da operação do raciocínio humano. [...] Mas a nova estruturação do

A Matemática e a Arte no Mundo Moderno e na contemporaneidade

universo viu-se, cada vez mais, obrigada a descartar a intuição e o bom senso. [...] O processo de divórcio entre ciência e intuição pode talvez ser ilustrado através de exemplo extremo da Matemática.

O autor escreve que, em meados do século XIX, o progresso do pensamento matemático começou a gerar não apenas resultados conflitantes com o mundo real, como também resultados que pareciam chocantes até aos matemáticos, como foi o caso da geometria não euclidiana.

Hobsbawm considera que o século XX tem início em 1914, ano em que eclodiu a Primeira Guerra Mundial e findou em 1991, ano em que se deu o fim da União Soviética. Descreve esses anos como a época dos grandes massacres, pois, em nenhuma outra época, mataram-se tantos seres humano. O autor chama esse período de Era dos Extremos.

Foi um período em que houve uma mudança sem precedentes no modo em que a maioria das pessoas vivia, de inovações tecnológicas, sociais, políticas e econômicas como nenhum outro na história do homem. Só na Segunda Guerra Mundial (1939-1945), aproximadamente 57 milhões de pessoas aproximadamente morreram. Hobsbawm divide esse período em duas partes: de 1914 a 1945 e após 1951.

Em relação às Artes no primeiro período, Hobsbawm (2008, p. 178) faz a seguinte análise:

> O motivo pelo qual brilhantes desenhistas de moda, uma raça notoriamente não analítica, às vezes conseguem prever as formas dos acontecimentos futuros melhor que os profetas profissionais é uma das mais obscuras questões da história; e, para o historiador da cultura, uma das mais fundamentais. É sem dúvida fundamental para que queira entender o impacto da era dos cataclismos no mundo da alta cultura, das artes da elite, e sobretudo na vanguarda. Pois aceita-se geralmente que essas artes previram o colapso

da sociedade liberal burguesa com vários anos de antecedência. Em 1914, praticamente tudo que se pode chamar pelo amplo e meio indefinido termo de "modernismo" já se achava a postos: cubismo; expressionismo; abstracionismo puro na Pintura; funcionalismo e ausência de ornamentos na Arquitetura; o abandono da tonalidade na Música; o rompimento com a tradição na Literatura.

Para Gombrich (1995), a primeira metade do século XX pode ser chamada de "A arte experimental", afirmando que, para muitos, falar em Arte Moderna é falar em uma arte que rompeu com todas as tradições do passado. Tanto a Arte Antiga como a Arte Moderna surgiram em resposta a problemas bem definidos. Os artistas se conscientizaram do problema "estilo" e toda vez que ele era debatido experimentavam, desencadeavam novos movimentos e utilizavam um novo "ismo" para diferenciá-los dos outros.

Um desses "ismos" é o Neoplasticismo, cujo representante maior é Mondrian, o qual será abordado no capítulo 4. Nesta época, os "ismos" também estiveram presentes na Matemática: intuicionismo, logicismo e formalismo disputavam entre si qual seria a melhor escola para a Matemática.

Ao analisar as artes após 1950, Hobsbawm (2008) diz que essa foi a época em que morreu a Vanguarda. É um período em que a classificação do que é ou não Arte ficou sem contornos definidos. As artes foram revolucionadas pelo avanço da tecnologia, que as tornou onipresentes e transformou a maneira como elas eram percebidas. As artes e as diversões populares foram transformadas pela tecnologia e, antes das grandes artes sofrerem essa transformação, a Europa deixa de ser a referência para elas.

As vanguardas ficavam à margem, e isso poderia ser comprovado, por exemplo, com as vendas de Chopin e Schönberg em relação aos ídolos do *rock*. Mesmo com o aparecimento da *Pop Art*, movimento de grande importância, a abstração perdeu seu poder.

Um movimento diferente acontece com as ciências naturais que, nesse período, tiveram uma penetração maior do que em qualquer outra época. O século XX foi o mais dependente delas, mas também, desde Galileu, nenhum período se sentiu menos à vontade com as ciências naturais.

O século XX, segundo Hobsbawm, seria o século dos teóricos dizendo aos práticos o que deviam buscar e encontrar à luz de suas teorias: o século dos matemáticos. E o século XXI? A resposta de Hobsbawm (2008, p. 499) serve não só à Arte e Matemática, mas a todos para toda humanidade:

> Não sabemos para onde estamos indo. Só sabemos que a história nos trouxe até este ponto e por quê. Contudo, uma coisa é clara. Se a humanidade quer ter um futuro reconhecível, não pode ser pelo prolongamento do passado ou do presente. Se tentarmos construir o terceiro milênio nessa base, vamos fracassar. E o preço do fracasso, ou seja, a alternativa para uma mudança da sociedade, é a escuridão.

Capítulo IV

Cézanne, Picasso e Mondrian e a união entre Arte e Matemática

Cézanne, Cubismo e Mondrian

Paul Cézanne (1839-1906) participou de exposições juntamente com pintores chamados impressionistas, mas acabou deixando esse grupo, pois, segundo suas convicções, representava um movimento de vanguarda. Fez a maior parte do seu trabalho de forma solitária em sua cidade natal, *Aix-en-Provence* (França), que era de difícil acesso e ainda não havia ingressado na era da industrialização. Ao longo de sua vida, nunca teve preocupações financeiras, já que seu pai, Louis Auguste Cézanne, era banqueiro e um dos proprietários do bem-sucedido Banque Cézanne et Cabastol.

Cézanne exerceu influência sobre o movimento cubista, encabeçado por Picasso (1881-1973) e Braque (1882-1963) – vanguarda que mais tarde influenciou o movimento neoplasticista de Mondrian (1872-1944).

Escrevendo sobre Cézanne em um momento de criação – chamada pelo autor de cena abstratizante –, Rizolli (2005) fala de um pintor que tinha a consciência de estar alcançando o auge da sua maturidade e, então, tem uma nova inspiração em um instante perturbador. Sozinho em seu atelier, analisa uma pintura que na qual está trabalhando. Observando cada detalhe do quadro percebe um caminho árduo a ser seguido: romper com a tradição da Arte.

Ao adotar essa postura, a qualidade de sua Arte passa a ser mostrada por um número de experiências sem fim que mudam de maneira radical os destinos da pintura moderna. É dessa maneira que Cézanne se vê, aos 65 anos e a dois anos de sua morte.

Executando um estilo de Arte que representa a natureza, Cézanne utiliza em suas composições figuras como as do cone, do cilindro e da esfera. Evoca claramente uma geometria de formas que mostra a consciência que o pintor possui da existência de modelos ou padrões que representam as aparências complexas e misteriosas das imagens.

Cada vez mais libertas da realidade, suas pinturas mostram uma complexa percepção que recupera os contornos formais e, também, dilui espaços de cores. É criado o diálogo entre forma e cor. Vê-se livre, submetendo o universo do real à superioridade da linguagem, revelando planos, perspectivas, cores, formas, ritmos, volumes, linhas – expressão e técnicas que geometrizam. Mas por estar perto do fim de sua existência, ele não verá realizado seu sonho como artista, que é o de criar a abstração da Arte.

Em seus últimos anos de vida, Cézanne comentou que sempre seria reconhecido entre o público de apreciadores inteligentes que tiveram, por meio de suas hesitações, a intuição do que ele tinha tentado fazer para renovar sua Arte. Em sua opinião, não se substitui o passado, apena se acrescenta a ele um novo elo (COLEÇÃO FOLHA, 2007, v. 2, p. 25).

Por toda a sua obra e pela inquietação da construção de uma pintura autônoma, capaz de se expressar por si mesma, Cézanne pode ser chamado de "o pai da pintura moderna".

O pintor passa por uma etapa romântica até por volta de 1870, período em que sua pintura é demasiada acadêmica. Na próxima década, passa pela etapa impressionista para, então, criar sua obra pessoal no período construtivista, em que começa a simplificar as formas e o meio de encontrar a essência do que queria mostrar. Entre 1888 e 1889, chega o período chamado sintético; e é somente nos últimos anos de vida, em que ficou isolado em sua cidade natal, que sua obra começa a ser reconhecida.

Em sua fase impressionista, Cézanne e outros representantes utilizavam como principal inovação o estudo dos efeitos da luz natural sobre os objetos – prática que pôs em questão o modelo tradicional que havia sido desenvolvido no Renascimento. Marino (2006) destaca que a prática desse modelo se baseava na adição da cor à sombra (cinza ou negra), o que permitia uma maior sensação de volume e derivava da representação de estátuas em estudos sob luz artificial.

Paralelamente às teorias ópticas, as novas experiências permitiam concluir que, na realidade, o contraste de tom e cor que percebemos e a eliminação de sombras entendidas de forma tradicional conduziam a quadros de luminosidade até então desconhecida. Essa busca por efeitos luminosos tem como consequência a eliminação dos contornos, um menor cuidado com a forma e o volume dos objetos. O mais importante para os impressionistas é a cor, privilegiando o que o olho vê.

Durante o espaço de tempo em que se aventurou no impressionismo, Cézanne teve como objetivo captar a essência da natureza na sua estrutura interna, impondo ao quadro uma ordem que respondia à ordem natural, independentemente do tema representado. Cézanne buscou essa ordem por meio da utilização da cor e da forma.

A profundidade nessas obras de Cézanne é conseguida mais na diferença de detalhes do que na variação das cores. Do ponto de vista da cor, o quadro não faz diferença entre os diferentes planos. Isto provoca certa sensação plana, de falta de profundidade, mas, principalmente para efeitos que nos interessam, a distribuição da cor não é feita em consequência do que está representado, e sim por meio do retângulo do quadro. Isso significa dizer que as relações entre as diferentes cores são um motivo em si mesmo que pode ser contemplado de maneira independente ao tema do quadro. É o início para abstração pela cor.

Em relação à forma, para Cézanne ela está a serviço da composição. Se fosse preciso deformar, distorcer a representação para valorizar a composição, isso deveria ser feito. Objetos observados de diferentes perspectivas poderiam fazer parte da mesma composição. Não se trata de representar o mesmo objeto de diferentes pontos de vista, como posteriormente farão os cubistas, mas de representar cada objeto com a perspectiva que seja mais conveniente à composição global.

Analisando a obra de Cézanne após a sua fase impressionista, Rizolli (2005) afirma que ele foi decisivo na pesquisa de novas formas. Ao se separar da luminosidade dos impressionistas, expôs um proposta de pintura interessada em identificar os aspectos constantes da realidade, estruturas e leis compreensíveis, utilizando como instrumentos as leis "abstratas" da Geometria que conduzem as formas naturais aos seus modelos mais simples: a esfera, o cone e o prisma.

Com estes meios, criou a grandeza da nova pintura, construindo uma linguagem, conquistando um estilo inédito e o direito de existir em modo autônomo. Um exemplo disso é o fato de Cézanne ter pintado muitas vezes o Monte Santa Vitória em Aix. As três imagens a seguir ilustram sua busca pela abstração da Arte.

CÉZANNE, Paul. *Monte Saint-Victoire*, 1885-1895.
Óleo sobre tela, 72,8 x 91,7 cm. Fundação Barnes, Pensilvânia.
Disponível em: <http://www.barnesfoundation.org.>.
Acesso em: 27 abr. 2009.

CÉZANNE, Paul. *Monte Saint-Victoire*, 1902-1904.
Óleo sobre tela, 68.9 x 89,5 Philadelphia Museum of Art.
Disponível em: <http://www.dl.ket.org/webmuseum/wm
/paint/auth/cezanne/st-victoire/798/index.htm>.
Acesso em: 27 abr. 2009.

CÉZANNE, Paul. *Monte Saint-Victoire*, 1904-06.
Óleo sobre tela. Coleção Particular, Filadélfia.
Disponível em: <http://pt.wikipedia.org/wiki/C%C3%A
9zanne#Per.C3.ADodo_final.2C_Proven.C3.A7a.2C_1890-1905>.
Acesso em: 27 abr. 2009.

Influenciados por Cézanne, Picasso e Braque criaram o Cubismo no início do século XX. Após nove meses, em 1907, Picasso entregou – se é melhor dizer assim, já que Picasso o considerou inacabado – o quadro *Les demoiselles d'Avignon*, obra inspirada no interior de um bordel de Barcelona localizado na rua Avignon, próximo à residência do pintor. Essa obra revolucionou a História da Arte, e isso se nota no rosto das mulheres à direita, que aparecem extremamente deformados. Este e outros detalhes representam o ápice de seus esforços em analisar as formas e os elementos básicos sem perder o contato com a realidade.

Em suas investigações (Coleção Folha, 2007, v. 6), Picasso teve uma ideia simples e genial. Como toda representação que imita é criada a partir de uma reunião de elementos quaisquer, sua combinação pôde produzir formas diferentes às observadas e se transformar em uma criação pura e independente. Com base nesse princípio, *Les demoiselles d'Avignon* acaba por firmar as bases de duas vanguardas fundamentais do século XX: o Cubismo e o Abstracionismo. Com a decomposição da figura e fundo em planos geométricos, supressão dos sentidos de volume, perspectiva e deformação dos corpos e do espaço, ele mostrou que a Arte podia ser separada da realidade, e que a forma era tão importante quanto o conteúdo.

A obra foi qualificada como cópia de outro quadro, de confusa, de abominável e de amorfa. Foi definida como um bordel filosófico; e Braque comentou que ao observar a obra é como se Picasso quisesse fazer-nos comer estopa ou beber petróleo para cuspir fogo. *Les demoiselles d'Avignon* só foi exposta ao público em 1916.

Picasso (1881-1973) nasceu em Málaga. Aos quinze anos se muda para Barcelona, onde se consagra pintor e passa o período entre 1900 e 1904 entre Barcelona e Paris. Em 1901, seu amigo Casagemas suicida-se, e esse é o motivo principal de o pintor iniciar o que foi chamado de Período Azul, marcando suas obras pela melancolia diante do fato citado.

PICASSO, Pablo. *Les Demoiselles d'Avignon*. 1907.
Óleo sobre tela, 243.9 x 233.7 cm.
New York Museum of Art.

PICASSO, Pablo. *A vida*. 1903.
Óleo sobre tela, 197 x 127.3 cm.
The Cleveland Museum of Art.

Depois veio o Período Rosa e, em 1907, é organizada uma retrospectiva de Cézanne. Após descobrir o primitivismo e a pintura deste artista, Picasso conhece Georges Braque, com quem vai explorar o movimento cubista – que se inicia quando pinta *Les demoiselles d'Avignon*. Sua obra ainda passa por períodos de "figurativismo classicista" e "impulsos surrealistas". Em 1937, faz mais um grande trabalho, o quadro *Guernica*, em estilo cubista. Nele retrata o massacre feito pela força aérea nazista à cidade basca de Guernica, tragédia que resultou em 1660 mortos e 890 feridos.

PICASSO, Pablo. *Guernica*. 1903.
Óleo sobre tela, 351 x 782,5 cm.
Museu Nacional Centro de Arte Reina Sofia. Madri.

Em função dessa efervescência em Paris, Mondrian viaja para a cidade em 1911 e, em contato com o Cubismo, toma-o como matriz de toda a sua Arte. Os cubistas fornecem a Mondrian uma nova lógica na construção quase arquitetônica e no ritmo espacial de seus quadros.

Em *Realidad Natural y Realidad Abstracta*, Mondrian (1973, p. 48) escreve:

> O cubismo compreendeu muito bem que a representação em perspectiva perturba e debilita a aparência das coisas, entretanto a representação plana a expressa de um modo mais puro. Justamente pelo desejo de representar as coisas o mais perfeitamente possível, é porque se utilizou a projeção em forma de plano.

Mediante a justaposição simultânea ou mediante a superposição de vários planos, o cubismo esforçou--se em chegar, não só a uma imagem mais pura das coisas, mas também a uma plástica mais pura.

Embora para Mondrian o período cubista não estivesse de acordo com as respostas que buscava para criar sua Arte – como também não estavam o Pós-Impressionismo, o Simbolismo, o Expressionismo, ou qualquer outro dos movimentos dos quais o artista havia tido contato por intermédio de seus expoentes holandeses –, seus pontos de contato com este movimento eram a insistência na concretude da forma e a atitude e a relação que o Cubismo tinha com sua primeira forma de pensar, ou seja, a busca pela simplificação das formas e das cores.

Em seus trabalhos cubistas, ele não estuda o objeto conservando-o simultaneamente em várias posições, mas simplifica e concentra suas superfícies; utiliza o cubismo como uma maneira de libertar os assuntos da tirania do figurativo, permitindo maior liberdade de intervenção possível.

Devemos registrar também que, embora o Cubismo tenha sido decisivo para Mondrian, Rizzoli (2005, p. 90) aponta que Picasso e Braque "acreditavam que a Arte Abstrata não poderia existir. Pensavam que a relação com o mundo seria o único signo de contato do artista com o objeto. A Arte seria, assim, o mais legítimo registro da existência do homem e do mundo".

Piet Cornelius Mondriaan,
o Mondrian, e o início da abstração

O pintor holandês Piet Cornelius Mondriaan – que em 1911 eliminou uma letra "a" de seu nome, passando a assinar suas obras como Mondrian – escreve, em 1937, sobre a Arte Abstrata (1957, p. 90) em seu artigo intitulado "Arte plástica e Arte plástica pura":

É lamentável que aqueles que estão preocupados com a vida social em geral não compreendam a utilidade da arte abstrata pura. Erroneamente influenciados pela arte do passado, cuja verdadeira essência lhes escapa, e da qual só veem o supérfluo, e não fazem nenhum esforço por conhecer a arte abstrata pura. Influenciados por outra concepção da palavra "abstrato" sentem certo horror por ela. Opõe-se com veemência à arte abstrata porque a consideram algo ideal e irreal.

Assinaturas de Mondrian, agenda Hague.

A obra de Mondrian é considerada uma das mais revolucionárias contribuições à pintura moderna (GÊNIOS DA PINTURA, 1980). Tão revolucionária que a escola em que integra sua Arte, o Neoplasticismo, teve um oposição mais longa e maior do que o Cubismo. Apesar de ser conhecido desde a I Guerra Mundial, foi somente em 1942, aos 70 anos de idade, que Mondrian teve a sua primeira exposição individual.

Arnholdt (1978) descreve o artista dizendo que o holandês nasceu em 7 de março de 1872, na vila de Amersfoort, próxima à cidade universitária de Utrecht. Tinha quatro irmãos e uma irmã, todos com vocação para o desenho. Se mudou aos oito anos com o pai, um professor calvinista, e com a mãe Johana Kok para a aldeia de Winterswijk, onde foi diplomado duas vezes, uma delas como professor de desenho.

A contragosto de seu pai – que não via com bons olhos sua inclinação artística, pois dizia que pintura não era profissão – em 1892 Mondrian viaja para Amsterdã e se matricula na Escola de Belas Artes. Para se manter, começa a dar aulas e produz desenhos bacteriológicos para livros de ciências naturais, pinta retratos e faz cópias de obras famosas expostas em museus holandeses.

Mondrian foi influenciado pelas ideias religiosas de seu pai e demonstrou grande interesse pela Teologia nos anos em que passou em Amsterdã. Fez cursos de religião e se entusiasmou com a Teosofia, doutrina criada por Edoard Schuré, autor de

Os Grandes Iniciados. Nesta época, o pintor ficou próximo de ingressar no seminário e se tornar pastor.

Esperando encontrar condições para a sua pintura clara, antibarroca e urbana, Mondrian se mudou para a Espanha. Fracassou nessa tentativa, já que se deparou com uma luminosidade diferente da que havia em sua terra natal. Em 1900, abandona a igreja calvinista e começa a se familiarizar com a Teosofia.

Viaja para a Bélgica em 1903. No ano seguinte, mora nas redondezas de Brabante, uma cidade medieval, e se encanta com a simplicidade da região, principalmente de seus habitantes. A mística e o requinte estético eram dois ingredientes importantes da personalidade de Mondrian e foi exatamente isso que ele encontrou naquele lugar. Passa o ano de 1905 morando naquela região onde produz outras obras e continua seus estudos sobre Teosofia por meio de leituras de Annie Besant, Krishnamurti, Rudolf Steiner, Madame Blavatsky e outros.

Mondrian, Piet. Fazenda em Nisteirode. 1904.
Aquarela, 44,5 x 63 cm. Coleção particular. Holanda

Retorna a Amsterdã, onde permanece até 1911. Sua obra *Farol em Westkapelle* participa de uma exposição e não desperta interesse dos críticos, que não veem talento em Mondrian.

Mondrian, Piet. *Farol em Westkapelle*. 1910.
Óleo sobre cartão, 39 x 29 cm.
Galeria G. J. Nieuwenhuizen Segaar, Haia.

Posteriormente, cria juntamente com outros artistas o Círculo de Arte Moderna, que anualmente organiza exposições que contam com a participação de obras de Cézanne, Van Gogh, entre outros artistas. Essa convivência foi fundamental para o desenvolvimento de sua Arte e, segundo o artista, o meio o obrigava a pintar objeto de aspecto comum e, de vez em quando, retratos; e isso era o motivo de seus trabalhos não terem valor de permanência.

Aos poucos, Mondrian vai se libertando para, então, se fixar na elaboração final. Na procura pela essência da forma e das relações formais, Mondrian produziu longas séries de desenhos (sobretudo aquarelas) e pinturas.

Mas foi na representação de árvores que ele encontrou assunto para extremos de simplificação, perseguindo uma árvore arquétipo, abstrata, geométrica. Alves (2007) diz que Mondrian iniciou um outro tipo de Arte Abstrata, que apresentava a forma essencial da natureza.

Na criação de suas obras, ele queria atingir uma Arte de relações puras. Tal como os grandes matemáticos gregos, que acreditavam se aproximar da perfeição dos deuses se compreendessem a matemática da natureza, Mondrian considerava a pintura como uma atividade filosófica e espiritual, um meio para a revelação de uma realidade oculta atrás das formas da natureza. Para ele, a pintura figurativa mascarava as relações puras da natureza e afastava o observador do verdadeiro fundamento da harmonia estética.

Nas obras (1), (2) e (3) a seguir podemos observar a transição da pintura figurativa de Mondrian a caminho das formas retilíneas, horizontais e verticais, definidas e simples. Ele percebeu, por meio das árvores, que a forma vertical e retilínea desse elemento da natureza estava em oposição à linha do horizonte. Então, passou a simplificar as figuras em sua pintura por meio de traços verticais e horizontais mostrados de maneira sutil pela natureza.

Delineando linhas horizontais e verticais pretas em fundo branco, formando retângulos, que foram pintados com as cores primárias (amarelo, azul e vermelho) e não admitindo diagonais em seu trabalho, nas primeiras décadas do século XX ele se tornou um artista rígido e dogmático. Mas houve razões para isso, como veremos mais adiante.

Imagem 1 – Mondrian, Piet. *A árvore vermelha*. 1909/10.
Óleo sobre Tela, 70 x 99 cm.
Gemeentemuseum, Haia.

Imagem 2 – MONDRIAN, Piet. *Gray Tree*, 1911. Óleo sobre tela, 78.5 x 107.5 cm. Gemeentemuseum, Haia.

Imagem 3 – MONDRIAN, Piet. *Árvore em flor*, 1912.
Óleo sobre tela. 65 x 75 cm.
Galeria G. J. Nieuwenhuizen Segaar. Haia.

Após o contato com o Cubismo, Mondrian volta à Holanda, em 1914, para visitar seu pai que adoecera. Com a eclosão da

I Guerra Mundial, permanece em seu país até 1919, e continua a buscar a "abstração pura" e a se interessar pela Teosofia. Nessa época, pintou o mar, fachadas de igrejas, moinhos e faróis. Sobre as pinturas marinhas, Mondrian afirmou:

> Ao observar o mar, o céu e as estrelas, procurei indicar sua função plástica por intermédio de linhas horizontais e verticais cruzadas. Impressionado pela vastidão da natureza, tentei expressar sua amplitude, calma e unidade (ARNHOLDT, 1978).

Mas, o que levou Mondrian a atingir um estilo tão conciso e econômico? Será que aí aparecem as ligações com as formas geométricas mais simples: o ponto, a reta, o plano e as cores primárias? Muitos críticos acreditavam que o termo Neoplasticismo, criado por Mondrian para designar sua pintura, tenha sido inspirado na concepção místico-religiosa dos teosofistas que admirava.

Juntamente aos pintores Van der Leck e Theo van Doesburg, em outubro de 1917 Mondrian participa da fundação da revista *De Stijl* (O estilo), que em seu primeiro número trazia artigos de renomados artistas e críticos. Os participantes da revista defendiam que a obra de arte devia definir-se no próprio ato da criação.

A revista homenageia Mondrian desde o início, dedicando-lhe o primeiro editorial. E é em seus artigos publicados na *De Stijl* que Mondrian inicia o embasamento teórico do movimento que viria a criar, o Neoplasticismo.

O crítico Michel Seuphor afirmou que, nessa fase, Mondrian retomou o fio da grande tradição conhecida como "homem total". Essa teoria partia da ideia de que o artista pensava não apenas com as mãos, mas também com a cabeça, e que olhava em torno de si não só com os olhos da carne, mas também com os olhos da mente, ou seja, o homem que não só produzia obras de arte, mas também criava utopias.

Essa transformação radical é marcada pela obra A *Pintura II* de 1921 apresentada na página 101, fruto do período da revista *De Stijl* e que acompanha o Neoplasticismo levado ao extremo.

O quadro possui completa autonomia: linhas negras dividem áreas geometricamente delimitadas, cobertas de tonalidades primárias. Um vigoroso dinamismo resulta da soma de formas e cores. Portanto, foi por meio da revista *De Stijl* que Mondrian apresentou os fundamentos do Neoplasticismo. Entre eles, defende que o meio plástico deve ser a superfície plana ou o prisma retangular em cores primárias (vermelho, azul e amarelo) e em "não cores" (branco, preto e cinza). Em Arquitetura, este último elemento é substituído pelo espaço livre e a cor é o material utilizado.

A Teosofia e Mondrian

Quando em 1903 Mondrian viaja para Brabante, pequena localidade holandesa de Uden, ele o faz seguindo conselhos do amigo Albert van den Briel (1881-1971). Mondrian havia rompido com o calvinismo e atravessava uma profunda crise religiosa. Marino (2006) relata que segundo van den Briel, durante esse período Mondrian leu a Bíblia e, com mais detalhes, o Evangelho de São João e aforismos e metáforas de Lao-tsé, nascido na China, em 571 a.C.

A Filosofia de Lao-tsé é inspirada na observação e contemplação da natureza e explica o mundo material a partir de polaridades complementares, como frio/calor, masculino/ feminino, dia/noite. Nessa época, Mondrian e van den Briel discutiam sobre o Catolicismo e a Teosofia e, por isso, Mondrian é iniciado na doutrina teosófica e filia-se à Sociedade Teosófica da Holanda em 25 de maio de 1909.

Com o objetivo de recuperar os valores espirituais e de se contrapor ao excessivo valor da existência humana pensada só em termos econômicos, em 1875 é fundada a Sociedade Teosófica. A motivação de criar essa sociedade partiu do coronel americano Henry S. Olcott (1830-1907), após uma conferência proferida pela vidente russa Madame Helena Petrovna Blavatsky (1831-1891).

O coronel, que também era assistente de Blavatsky, propõe a formação de uma sociedade que teria como atribuição divulgar as leis secretas da natureza oriundas dos caldeus e egípcios, mas desconhecidas da ciência moderna. Foi este também o tema da primeira conferência. Sediada nos Estados Unidos, a sociedade logo se difundiu na Europa e principalmente na Holanda, onde a reação espiritual frente ao materialismo foi enorme em função da "mecanização" da sociedade holandesa.

Segundo a Sociedade Teosófica, a origem da palavra *theosophia* é grega e significa primária e literalmente Sabedoria Divina. Foi cunhada no século III d.C em Alexandria – território onde atualmente está localizado o Egito – pelos filósofos neoplatônicos Amônio Saccas e seu discípulo Plotino. Eles fundaram a Escola Teosófica Eclética e também eram chamados de *Philaletheus* (Amantes da Verdade) e Analogistas, porque não buscavam a sabedoria apenas nos livros, mas por meio de analogias e correspondências da alma humana com o mundo externo e os fenômenos da natureza.

Assim, em conformidade com seu terceiro objetivo, citado a seguir, a Sociedade Teosófica, enquanto sucessora moderna daquela Escola antiga, almeja tal busca da sabedoria não pela mera crença, mas pela investigação direta da verdade manifesta na natureza e no homem. A vidente continua: "o verdadeiro Ocultismo ou Teosofia é a 'Grande Renúncia ao eu', incondicional e absolutamente, tanto em pensamento como em ação – é Altruísmo".

Segundo ela, Teosofia é sinônimo de Verdade Eterna, Divina, Absoluta, *Paramarthika Satya* ou *Brahma-Vidya*, que são seus equivalentes muito mais antigos na filosofia oriental, ou seja, é uma Sabedoria Viva, o ideal que o verdadeiro teósofo busca alcançar e manifestar em sua vida diária como serviço à Humanidade.

Os objetivos da Sociedade Teosófica foram, assim, redefinidos e resumidos em três pontos que foram enunciados por Madame Blavatsky em seu livro *A chave da Teosofia*. São eles:

1) Formar um núcleo de Fraternidade Universal da Humanidade, sem distinção de raça, sexo, casta ou cor.

2) Fomentar o estudo comparativo de religiões, filosofias e ciências.

3) Investigar as leis inexplicadas da Natureza e os poderes latentes no homem.

A Teosofia considera a alma humana como uma emanação da Essência Suprema com a qual divide a mesma natureza de ser também imortal. Também propõe a crença na imortalidade da alma e na reencarnação.

Ela se expandiu rapidamente na Europa, inicialmente com Blavatsky e, depois, com novas abordagens do teósofo francês Édoard Schuré, que escreveu *Os grandes iniciados* e cuja influência na Arte foi imediata, principalmente na Holanda. Para os pintores holandeses foi uma ideia muito sugestiva de uma única realidade superior subjacente por trás das aparências naturais.

Marino (2006) comenta que o pintor Cornelius Spoor, amigo de Mondrian e quem lhe transmitiu um crescente interesse pela Teosofia, também iniciou Mondrian na prática da yoga. Os dois artistas passaram o verão de 1908 em Domburg, na província de Zelândia. Neste local Mondrian conheceu Toorop, de quem herdou a pincelada pontilista e a preferência por alguns motivos, como a torre da igreja de Domburg. Durante esta visita, Mondrian frequentou a colecionadora Poortvliet e a pintora Van Heemskerk, ambas teósofas, e conheceu diretamente a obra de Blavatsky e de Steiner.

Mondrian, Piet. *A torre da Igreja de Domburg*. 1909.
Óleo sobre cartão, 36 x 36 cm.
Gemeentemuseum, Haia

Em 1908, Rudolf Steiner, secretário geral da Sociedade Teosófica, esteve na Holanda para ministrar palestras a uma das quais Mondrian parece ter assistido. Quando Mondrian morreu, foi descoberto que possuía um livro com uma seleção dessas palestras com várias anotações pessoais, além de livros de Blavatsky e Schoenmaekers.

Mondrian permaneceu ligado à Teosofia por toda sua vida. Quando ia à Paris, Mondrian se hospedava na sede da Sociedade Teosófica Francesa. Em 1938, em decorrência da Segunda Guerra Mundial, se transferiu para Londres e mudou sua filiação para a Inglaterra. Quando morreu, mantiveram o documento de filiação como membro da Teosofia. Embora não existam provas, esses dados nos permitem levantar uma forte suspeita de que Mondrian deve ter sido influenciado pela Teosofia.

Em sua fase simbolista, ou primeira fase, Mondrian busca o essencial, o que nos leva a fazer leituras teosóficas de suas pinturas desse período. Investigar as inexplicadas leis da natureza, parte do terceiro objetivo da Teosofia, era sua principal meta.

A influência teosófica já era forte nas obras elaboradas em 1908. Temos *Devoção*, em que uma jovem medita sobre uma flor; *O bosque perto de Oele*, em que o conceito da Teosofia sobre opostos é representado pelos símbolos, sendo os masculinos representados pelas árvores e os femininos pelos planos horizontais; *O crisântemo agonizante*, no qual representa a aura desligando-se da flor no instante de sua morte.

Mondrian, Piet. *O bosque perto de Oele*, 1908.
Óleo sobre tela, 128 x 158 cm.
Gemeentemuseum, Haia.

As formas geométricas já faziam parte do trabalho de Mondrian quando ele foi a Paris em 1911. Seu objetivo era encontrar uma linguagem visual que expressasse as ideias transcendentes que faziam parte da Teosofia. Nessa época, pintou com forte simbolismo teosófico. Temos o tríptico *A evolução* (1910-1911), que representa a evolução humana a partir do corpo terreno (esquerda), passando pelo corpo astral (direita) até chegar à visão divina (centro). Símbolos como flores, triângulos e círculos têm significados místicos. A estrela formada por triângulos unidos, que faz parte do painel da direita, é um símbolo que está no centro do emblema da Sociedade Teosófica.

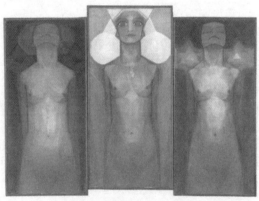

Mondrian, Piet. *Evolução*. 1910-1911.
Óleo sobre tela, 178 x 87,5 cm; 183 x 87,5; 178 x 85 cm
Gemeentemuseum, Haia.

Símbolo da Teosofia

Nesta época, os responsáveis pela revista *Theosophia* pedem a Mondrian que escreva um artigo sobre Arte, mas este não foi publicado.

Entre 1917 e 1918, Mondrian publicou artigos na revista *O estilo*; textos que, mais tarde, foram reunidos e divulgados com o título *A nova imagem da Arte* (em holandês, *De nieuwe beelding in de schilderkunst*) e posteriormente publicados em francês como *Le Neoplasticisme*. Antes de publicá-los na revista, ele apresentou alguns artigos em uma reunião da Sociedade Teosófica, mas não foram bem recebidos.

Mais adiante, em 1921, sabendo que Rudolf Steiner estava proferindo conferências na Holanda, lhe enviou um exemplar do *Le Neoplasticisme* com uma nota explicando que o conteúdo – por sua capacidade de alcançar a harmonia por meio do equilíbrio entre o universal e o individual, o espírito e a matéria – teria relação com a verdadeira Arte Teosófica e Antroposófica. Do grego "conhecimento do ser humano", Antroposofia pode ser caracterizada como um método de conhecimento da natureza, do ser humano e do universo.

Neste período, Steiner havia se desligado da Teosofia e fundado a Antroposofia. Marino (2006, p. 209) descreve assim essa nota:

> Tendo lido vários dos seus livros, pergunto-me se você poderia encontrar tempo para ler a minha brochura, O Neoplasticismo, que estou anexando. Creio que o Neoplasticismo é a Arte do futuro previsível para todos os verdadeiros antroposofistas e teosofistas. O neoplasticismo cria harmonia através da equivalência entre os dois extremos: o universal e o individual. O primeiro, por meio da revelação e o segundo, por meio da dedução. A Arte dá expressão visual para a evolução da vida: a evolução do espírito e, em sentido inverso, o da matéria. Era impossível conseguir um equilíbrio das relações não destruindo a forma, substituindo-a por um novo meio de expressão universal. Eu ficaria satisfeito ao ouvir a sua opinião sobre este assunto, se você pudesse responder. Por favor, perdoe-me por escrever-lhe em francês, pois o meu conhecimento de alemão é insuficiente.

O objetivo deste estudo não é, de modo algum, determinar com precisão qual a intensidade da influência da Teosofia sobre os textos de Mondrian. A ideia é mostrar que, tendo entrado em contato com várias fontes teosóficas, seus textos podem não ser entendidos se não forem analisados segundo essa perspectiva.

Ele faz um uso bastante eclético desses teósofos, revelando predileção, entre outros, por Rudolf Steiner, do qual Mondrian aprecia a proximidade da natureza e o desprezo por fenômenos parapsicológicos. Em relação a sua concepção dualista da realidade, pode-se identificar a influência de Blavatsky. É possível também que não fique claro quando Mondrian, com o objetivo de dar consistência a seus textos, cita filósofos, como, por exemplo, Hegel, sem referência explícita a ele.

Outra influência sobre Mondrian é a de Schoenmaekers (1875-1944). Os dois mantiveram um contato estreito na cidade de Laren, entre 1915 e 1916. Mathieu Hubertus Josephus Schoenmaekers, teósofo holandês, filósofo neoplatônico e matemático, era um padre católico cristósofo, uma mistura de cristão e teósofo. Ele escreveu, entre 1915 e 1916, suas influentes obras intituladas *Het nieuwe Wereldbeeld* (A nova imagem do mundo) e *Beeldende Wiskunde* (Princípios de Matemática Plástica).

Pignatari (2004) afirma que Schoenmaekers era um místico e matemático e que havia escrito suas teorias de extração hegeliana em dois livros – *A nova imagem do mundo* e *Princípios da Matemática Plástica*. Acreditava que, baseado em seu método e com o auxílio da concentração mística seria capaz de traçar o caminho para o conhecimento, para a compreensão da estrutura do universo e seu significado; acima de tudo, foi por meio da ênfase na estrutura matemática do universo que mostrou aos discípulos artistas o plano em torno do qual poderiam se unir.

Schoenmaekers, como teósofo, tinha uma visão dualista da realidade a analisava a dupla de contrários como masculino/feminino, dinâmico/estático, interno/externo. Todas elas eram resumidas em um par fundamental, o horizontal/vertical. Adicionalmente, o teósofo considerava as três cores utilizadas por Mondrian, o azul, o vermelho e o amarelo, como as únicas cores que existiam.

Nesse caso, a influência pode ser considerada recíproca, pois a natureza estrutural da pintura de Mondrian durante o seu período cubista e pré-Stijl, que vai de 1912 a princípios de 1917, se rege por preceitos que precedem ao aparecimento das formulações dos escritos de Schoenmaekers. Nessa época, Schoenmaekers teve contato com a série Oceano, que teria como ponto alto a tela *Composição 10* de 1915, apresentada na página 88. Essa visão dualista era também defendida por Blavatsky e Steiner.

Entretanto, a relação com a Sociedade Teosófica foi conflitante. Desde o seu ingresso na instituição, Mondrian pretendeu colaborar com a sociedade, mas suas ideias a respeito da Arte foram rechaçadas. Em 1914, seu artigo sobre Arte foi rejeitado por ser considerado avançado para o pensamento dos artistas holandeses ligados à Teosofia e que, na sua maioria, identificavam a Arte Teosófica com o Simbolismo.

Mondrian começou, então, a fazer diferença entre a Teosofia, cujos princípios não questionava, e muitos teósofos que não agiam de acordo com os princípios teosóficos, e sua aplicação no campo artístico.

Apesar destes fatos, Mondrian não deixa de difundir seus escritos e sua teoria da Arte no interior da Sociedade Teosófica. Em 1916, é indicado como um dos possíveis jurados da nova capa da revista *Theosofia*. Em 1917, seus artigos sobre *A nova imagem da pintura* não foram bem recebidos pela Sociedade Teosófica, e sua última decepção foi o fato de que Rudolf Steiner nem se preocupou em responder sobre a análise do livro *O neoplasticismo*. Foi, então, que Mondrian percebeu que sua Arte não seria oficialmente considerada como a Arte da Teosofia.

A partir daí, deixa de ser importante para Mondrian que a Arte tenha um estilo que coincida com a representação de aspectos da Teosofia; ele quer falar uma linguagem que lhe permita comunicar a verdade que viu por meio dela.

Estrutura e forma abstrata de Mondrian

Em seu artigo autobiográfico "Rumo à verdadeira visão da realidade", escrito em 1942, Mondrian (1957) escreve:

Comecei a pintar muito jovem. Meus primeiros professores foram meu pai, um aficionado; e meu tio, pintor profissional. Preferia pintar paisagens e casas como as via quando o tempo estava nublado ou escuro, ou o sol era brilhante, ou quando a densidade da atmosfera escurecia os detalhes e acentuava os principais perfis dos objetos. De vez em quando, fazia esboços da luz da lua nas pradarias holandesas, tomando como modelos vacas paradas ou descansando. Outras vezes me interessavam as casas com suas janelas sem vida e vazias, mas nem nesse período inicial, pude pintar romanticamente; desde o princípio me defini como realista.

Com essa definição, talvez, Mondrian pretendesse ligar sua fase figurativa à sua fase abstrata final. Quando o pintor assimilou a linguagem cubista, voltou aos temas habituais, como árvores e o mar, cujos exemplos já vimos anteriormente. Na época, Mondrian caminhava para a utilização de um traçado em duas direções, a vertical e a horizontal, que era favorecido pelos temas que escolhia. Esse primeiro traçado pode ser chamado de naturalista.

Depois disso, podemos dizer que Mondrian começa a geometrizar seu traço pintando temas do seu entorno – como igrejas, fachadas e andaimes –, suprimindo linhas que não sejam ortogonais e linhas que mostrem profundidade. Os títulos dessas primeiras produções indicam a origem das redes linhas e as últimas são chamadas somente de *Composições*.

Mondrian, Piet. *Composição n. 10 (Cais e Mar)*, 1915.
Óleo sobre tela, 85 x 108 cm.
Otterlo, Rijksmuseum Kröller-Müller

Mondrian, Piet. *Fachada de igreja*, 1915.
Carvão sobre papel, 99 x 63,4 cm
New York Museum of Art.

Na série de quadros baseados em fachadas, o artista usa, de modo habitual, formas quadriculadas de diferentes tamanhos limitadas com linhas pretas. Nessas telas, as formas quadriculadas possuem um domínio sobre a cor.

O período que Mondrian passou na Holanda, durante a Primeira Guerra Mundial, foi fundamental para o desenvolvimento do Neoplasticismo. Sobre essa etapa de sua vida, Mondrian (1957, p. 34) escreve:

> Pouco antes do começo da I Guerra, voltei à Holanda em uma visita. Lá permaneci enquanto durou a guerra, continuando meu trabalho da abstração com uma série de fachadas de igrejas, árvores, casas, etc. Mas sentia que ainda trabalhava como impressionista e continuava expressando sentimentos particulares, e não a realidade pura. Apesar que estava inteiramente convencido de que nunca poderíamos chegar a ser objetivos, sentia que se podia ser cada vez menos subjetivo, até que o subjetivismo não predominasse em nosso trabalho.

Mondrian explica ainda a utilização das linhas verticais e horizontais em seu trabalho:

> Excluí cada vez mais de minhas pinturas as linhas curvas, até que finalmente minhas composições consistiram unicamente em linhas horizontais e verticais, que formam cruzes, cada uma separada e destacada da outra. Observando o mar, o céu, e as estrelas busquei definir a função plástica através de uma multiplicidade de verticais e horizontais que se cruzavam.
>
> Impressionado pela imensidão da natureza, tratava de expressar sua expansão, calma e unidade. Ao mesmo tempo, estava completamente convencido que a expressão visível da natureza é ao mesmo tempo sua limitação; as linhas verticais e horizontais são a expressão de forças opostas; isto existe em todas as partes e tudo o que domina sua ação recíproca constitui a vida. Reconheci que o equilíbrio de qualquer aspecto da natureza reside na equivalência dos elementos que se opõem. Senti que o trágico surgia quando faltava essa equivalência. Vi o trágico em um amplo horizonte ou em uma catedral.

Em nenhum momento desse artigo autobiográfico, quando faz reflexões sobre as forças opostas, Mondrian faz menção a Blavatsky, a Steiner ou a Schoenmaekers, ou afirma que esse é um preceito teosófico. Uma única citação em nota de rodapé é feita a Rudolf Steiner no artigo "Do natural ao abstrato, isto é, do indefinido ao definido", publicado na revista *De Stijl*, n. 8, de junho de 1918, Mondrian (1983, p. 65):

> O fato de que o crescimento do Natural seja geralmente um processo de evolução procede de um passado distante. Na época lemuriense e atlântica, o homem dependia tanto do meio que, por exemplo, a possibilidade física de dormir dependia da saída e do pôr do sol. Nesse tempo, o homem vivia em concordância harmônica com o ritmo da natureza. Sem dúvida, quando começou a se desenvolver a consciência individual do homem, nasceu automaticamente uma desarmonia entre o homem e

a natureza: esta desarmonia ficou cada vez maior: a natureza saiu do homem cada vez mais (Dr. R. Steiner).

E é desse pensamento de Steiner que vem o que Mondrian, por várias vezes (uma delas no artigo de 1942), chama de trágico. Para ele, o reconhecimento do espírito individual no homem vai levá-lo a um duplo enfrentamento: um interno, entre seu espírito e seu corpo, e outro, entre ele e a natureza. Esses dois enfrentamentos opostos (matéria e espírito) são classificados por Mondrian como "trágico".

Por meio da abstração geométrica, o grande objetivo de Mondrian foi conciliar o novo ao homem e à sua realidade – já não necessariamente à natureza – sem renunciar ao dualismo material/espiritual. Para isso, utilizou o neoplástico como ferramenta para envolver o homem de uma realidade caracterizada pela dualidade que domina nosso interior.

Rizolli (2005, p. 101) afirma que Mondrian, implicado uma atividade intelectual especulativa, define os princípios gerais do Neoplasticismo:

1) plano;

2) cores primárias e não cor; branco, preto, cinza;

3) equivalência dos meios plásticos/equilíbrio e harmonia;

4) relação de opostos/composição – cheio (forma) e vazio (espaço)/plano no plano;

5) linha reta/ vertical e horizontal;

6) ângulo reto;

7) assimetria;

8) pintura: por séculos, a pintura expressou plasticamente as relações entre forma e a cor antes de chegar aos nossos dias, a plástica somente da relações;

9) equilíbrio entre individual e universal;

10) equilíbrio entre matéria e linguagem;

11) equilíbrio entre arte e vida;

12) unidade.

Obras como *Composição em cor*, de 1917, *Composição n. 3 com superfícies coloridas*, de 1917, *Composição em grellha 7*, de 1919, *Composição B*, de 1920, e *Quadro I com Preto, Vermelho, Amarelo e Azul e Azul-Claro*, de 1921, ilustram a continuidade da construção dessa estrutura e forma abstrata em Mondrian.

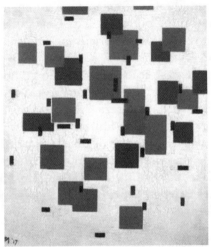

Mondrian, Piet. *Composição em cor*, 1917.
Óleo sobre tela, 50,3 x 45,3 cm.
Rijksmuseum Kröller-Müller, Oterlloo

Mondrian, Piet.
Composição nº 3 com superfícies coloridas, 1917.
Óleo sobre tela, 48 x 61 cm. Gemeentemuseum, Haia.

Mondrian, Piet. *Composição em grelha 7*. 1919.
Óleo sobre tela, 48,5 x 48,5 cm. Kunstmuseum,
Offentliche Kunstsammlung, Basileia.

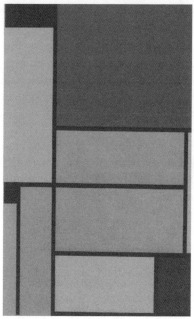

Mondrian, Piet. *Quadro I com Preto, Vermelho,
Amarelo, Azul e Azul-claro*, 1921.
Óleo sobre tela, 96,5 x 60,5 cm. Museum Ludwig, Colônia.

Sobre este "caminho", Mondrian (1957) escreve:

> Neste ponto, conscientizei-me de que a realidade é forma e espaço. A natureza revela as formas no espaço. Na realidade, tudo é espaço, a forma também, assim como o que vemos como espaço vazio. Para criar a unidade, a Arte tem que seguir a natureza não em sua aparência, mas no que a natureza é realmente. Manifestando-se em oposições, a natureza é unidade: a forma é o espaço limitado, concreto através de sua determinação. A Arte tem que determinar o espaço assim como a forma e criar a equivalência destes fatores.
>
> Estes princípios foram desenvolvidos em meu trabalho. Em minhas primeiras pinturas, o espaço, todavia, era um fundo. Comecei a determinar formas: as verticais e as horizontais se converteram em retângulos. Todavia, apareciam como formas destacadas sobre um fundo; sua cor era ainda impura.
>
> Sentindo a falta da unidade, aproximei estes retângulos, transformei o espaço em branco, preto ou cinza; e a forma em vermelho, azul e amarelo. Manter as horizontais e verticais do período anterior era equivalente a unir os retângulos em toda composição. Era evidente que os retângulos, como todas as formas particulares, prevalecem uns sobre os outros e devem ser neutralizados por meio da composição. Definitivamente os retângulos nunca são um fim em si mesmo, mas uma consequência lógica de suas linhas determinantes, que são contínuas no espaço e aparecem espontaneamente com o cruzamento de linhas horizontais e verticais.

Capítulo V

O Neoplasticismo, a nova expressão da Arte e da Matemática

De Stijl *e o Neoplasticismo: a nova imagem da Arte*

A expressão *De Stijl*, de origem flamenca, tem a tradução para a língua portuguesa como "o estilo". Houaiss (2001) traz como um dos seus significados o seguinte verbete:

> **estilo:** substantivo masculino.
>
> **Rubrica:** artes plásticas, arquitetura, música, literatura.
>
> conjunto de tendências e características formais, conteudísticas, estéticas, etc. que identificam ou distinguem uma obra, ou um artista, escritor etc., ou determinado período ou movimento
>
> Ex.: <e. art déco> <prédio em e. neoclássico> <o e. de Graciliano Ramos> <o e. contrapontístico de Bach>.

De 1917 a 1931, esteve ativo o grupo *De Stjil*, o qual já havíamos citado anteriormente quando falamos da revista *De Stijl*. Os pintores Piet Mondrian, Theo van Doesburg e o arquiteto Gerrit Rietveld foram os que mais se destacaram, seguidos

dos artistas plásticos Van der Leck, Vantongerloo e Huszar, os arquitetos Oud, Wils e Van't Hoof e o poeta Kok.

Formavam um grupo não muito coeso que, com seu "estilo", mudou a História da Arte e da Arquitetura a partir do século XX; e foi na revista *De Stijl* que Mondrian teve a oportunidade de lançar as bases do movimento de vanguarda chamado Neoplasticismo.

Liderado por Piet Mondrian, o Neoplasticismo é o nome dado ao movimento artístico de vanguarda ligado à Arte Abstrata. Este movimento defendia uma total limpeza espacial para a Pintura, reduzindo-a a seus elementos mais puros e buscando suas características mais próprias.

Considerado um movimento de Arte e pesquisa, as obras produzidas pelos artistas do Neoplasticismo foram fundamentais para o desenvolvimento da Arquitetura moderna e para o *design*. Embora seja visto por muitos como um protesto contra a violência que devastava a Europa, outros fatores foram importantes para a criação do movimento.

O Neoplasticismo era visto por seus participantes como sendo algo a mais que uma vanguarda artística. Para eles, era uma forma de filosofia e religião. Seus primeiros ideais eram promover uma síntese místico-racional e buscar a ordem e a harmonia perfeita existente, que poderia ser acessível ao homem e à sociedade desde que este se subordinasse a ela. Segundo Mondrian, esse movimento tinha uma missão ético-espiritual no objetivo de alcançar a "beleza universal". Doesburg (1985) escreve que em outubro de 1917 foi lançado o primeiro número da revista *De Stijl* (O estilo), com tiragem de 1.000 exemplares e um objetivo muito claro: contribuir para o desenvolvimento de uma nova consciência estética.

Durante os três primeiros anos de *De Stijl*, foi-se construindo lentamente a nova linguagem plástica. Juntas, a purificação das cores, a simplificação das linhas e as posições (vertical e horizontal), a eliminação de toda a impressão de profundidade e a defesa do ângulo reto, resultaram na linguagem neoplástica como a conhecemos atualmente. A esta linguagem artística se unia uma clara intenção ética, que era a luta contra o individualismo, o arbitrário e o subjetivo. Essa vanguarda dava apoio e unidade a esta busca de uma expressão universal na representação artística.

Em 1918, Van Doesburg faz um interessante relato sobre o Grupo *De Stijl*, afirmando que eles foram formando gradualmente uma frente comum; o trabalho não só havia aclarado a consciência coletiva de seu grupo, mas também havia dado a segurança de que era possível definir e realizar efetivamente uma visão da vida comum. Em cada nova manifestação – uma exposição, uma conferência ou uma construção –, toda imprensa burguesa se arremetia raivosa contra eles; e as aspirações do grupo eram ridicularizadas até nos jornais das províncias menores.

As revistas médicas também se preocupavam com eles, publicando grandes artigos sobre o fenômeno patológico que denominava *De Stijl*. Só viam impotência na atitude do grupo, e a proposta de colocar por terra a tradição era considerado esquizofrenia. Na época, foram escritos pelo menos 600 artigos dos quais a maioria insultava os artistas do *De Stijl*. Doesburg (1985) continua relatando esse período assim:

> Quando a guerra chegou ao fim, sentimos a necessidade de expor nossas ideias fora dos limites estritos da Holanda. Na Holanda, nos sentíamos desterrados e condenados, inclusive já antes do final da guerra. Quando divulgamos nosso primeiro manifesto, ele, além de ser impresso em muitas revistas estrangeiras, encontrou ressonância nos focos artísticos europeus assegurando-nos a simpatia da Europa que, então, despertava espiritualmente. Com uma exatidão quase geométrica, expusemos nesse manifesto nossas intenções:
>
> *Manifesto I* De Stijl *1918.*
>
> 1) Há uma velha e uma nova consciência do tempo.
>
> A velha tende ao individual.
>
> A nova é universal.
>
> A luta entre o individual e o universal se manifesta tanto na guerra mundial como na arte de nosso tempo.

2) A guerra destrói o velho mundo com seu conteúdo: o domínio do individual em todos os campos.

3) A nova arte colocou em evidência o conteúdo da nova consciência do tempo: a relação equilibrada entre o universal e o individual.

4) A nova consciência do tempo já está pronta para realizar-se em tudo, inclusive na vida externa.

5) As tradições, os dogmas e o domínio do individual (o natural) são um obstáculo para a sua realização.

6) Por isso, os fundadores do neoplasticismo exortam a todos os que creem na reforma da arte e da cultura para eliminar estes obstáculos em seu desenvolvimento, como o neoplasticismo artístico elimina, mediante a supressão da forma natural, tudo o que entorpece a pura expressão da arte, última consequência de qualquer noção de arte.

7) Os artistas de hoje em dia, guiados em todo o mundo por uma mesma consciência, participam no terreno espiritual da guerra mundial contra o domínio do individualismo, da arbitrariedade.

Por isso simpatizam com todos os que, seja espiritual ou materialmente, lutam pela formação de uma unidade internacional na vida, a Arte e a Cultura.

8) O órgão do *De Stijl*, que foi fundado com essa intenção, trata de contribuir para iluminar esta concepção de vida. A contribuição de todos é possível:

9) I. Enviando (à Redação) como testemunho de aprovação seu nome (completo), endereço e profissão.

II. Contribuindo com (crítica, filosofia, arquitetura, ciência, literatura, música, etc. assim como reproduções) na revista *De Stijl*.

III. Traduzindo para outras línguas e difundindo as ideias publicadas no *De Stijl*.

Theo van Doesburg, Rob van't Hoff, Vilmos Huszar, Antony Kok, Piet Mondrian, G, Vantongerloo, Jan Wils.

Revista *De Stijl* – n. 11 – novembro 1921

Da fusão de dois modos de pensamentos afins surgiu esse movimento, como mostra Stangos (2000). O primeiro era a filosofia do matemático Dr. Schoenmaekers que publicou em Bussum, em 1915 e 1916, as obras intituladas *Het neiuwe Wereldbeeld (A nova imagem do mundo) e Beeeldende Wiskunde (Princípios de Matemática Plástica)*; e o segundo, os arquiteturais recebidos de Hendrik Petrus Berlage e Frank Lloyd Wright.

Schoenmaekers foi quem formulou os princípios plásticos e filosóficos do movimento *De Stijl*, ressaltando em seu livro *A nova imagem do mundo* a primazia cósmica universal do seguinte modo: os dois contrários fundamentais completos que dão forma à Terra são a linha horizontal de energia, isto é, o curso da Terra em redor do Sol, e o movimento vertical, profundamente espacial, dos raios que se originam do centro do Sol. Na sequência do livro escreveu sobre o sistema de cores primárias do *De Stijl*: As três cores principais são essencialmente o amarelo, o azul e vermelho. Estas são as únicas cores existentes. O amarelo é o movimento do raio e o azul é a cor contrastante do amarelo. Como cor, azul é o firmamento, é a linha, a horizontalidade. O vermelho é a conjugação do amarelo e azul. O amarelo irradia, o azul "recua" e o vermelho flutua.

Importante também para o movimento é a influência de Wright, para quem a linha horizontal era a linha da domesticidade em oposição às polegadas de altura que adquirem uma grande força. Ele partilhava também de um mundo homogêneo feito pelo homem e em seus escritos considerava que o papel da Arte em relação à Arquitetura era o de fazer de um lugar de moradia uma completa obra de arte em si mesma, tão bela e expressiva e mais intimamente relacionada com a vida do que qualquer escultura ou pintura.

Van't Hoff, outro membro do *De Stijl*, esteve nos Estados Unidos em 1916 e lá construiu um palacete em concreto armado seguindo um estilo que derivava de Wright. No período de 1914 a 1916, os escritos de Schoenmaekers e Wright eram conhecidos e influenciaram o movimento, mas perderam força após esses anos. A partir de 1917 suas ideias foram absorvidas e modificadas principalmente por Mondrian, Van Doesburg e Rietveld.

A trajetória do *De Stijl* pode se dividida em três fases. A primeira, de 1916 a 1921, é a fase de formação, que ocorreu na Holanda com pouca participação externa. A segunda, que vai de 1921 a 1925, é conhecida como a etapa de maturidade; e a última fase, que vai até 1931, é o período de dissolução do grupo.

Mondrian ocupou um lugar de destaque em todas as fases. Na primeira, pela sua ligação com a Teosofia e com Schoenmaekers; na fase intermediária, sofreu influência decisiva de Bart Van Der Leck e, na última, quando rompe com o *De Stijl* e Doesburg, o qual utiliza uma linha diagonal em uma pintura e altera o formato com que Mondrian iria trabalhar até o fim de sua vida.

A seguir, estão representadas obras dos três principais membros do *De Stijl*:

Mondrian, Piet. *Quadro 2 com Amarelo, Preto, Azul, Vermelho e azul claro.* 1921.
Óleo sobre tela, 103,5 x 99,5 cm.
Coleção particular - Zurique

Piet Mondrian

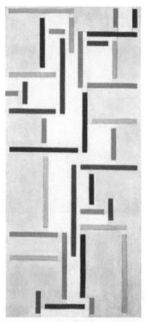

Doesburg, Theo Van. *Rhytm of a Russian Dance*. 1918.
Óleo sobre tela, 135 x 46 cm.
New York Museum of Art

Theo Van Doesburg

O Neoplasticismo, a nova expressão da Arte e Matemática

Cadeira Vermelha e Azul, 1917-18
Madeira pintada, 86 x 64 x 68 cm Gerrit Rietveld
Dusseldórfia, Sammlung Torsten Brohan

Gerrit Rietveld

Mondrian e Van Doesburg romperam relações por dois motivos. O primeiro por ordem funcional, já que Doesburg era arquiteto e, em determinado momento, não via a Arquitetura sem a linha diagonal. O outro era de ordem "filosófica", pois acreditava que a linha diagonal daria origem ao movimento que ele chamou de Elementarismo, o qual, para o arquiteto, não seria mais que o resultado da superação do Neoplasticismo neste processo infinito de espiritualização da natureza. Enquanto Van Doesburg tinha interesse no dinâmico, na quarta dimensão, Mondrian buscava o repouso, o equilíbrio. Era o caráter dinâmico contra o caráter estático, a dialética hegeliana frente à contemplação e ao êxtase de Plotino.

Arte e Matemática em Mondrian: primeira abordagem

Schoenmaekers afirmava que a linguagem matemática era a melhor forma de expressão para suas ideias de representação universal. Ressaltamos que o filósofo era um antigo sacerdote católico que se converteu à Teosofia e, posteriormente, tentou entrar na maçonaria, mas foi rejeitado e voltou à Teosofia. Era um filósofo neoplatônico – seguia as ideias de Plotino – e se autodenominava cristósofo, uma junção de cristão com teósofo cuja missão e da sua matemática católica seriam o antídoto para o excesso de ênfase na interioridade do protestantismo na Holanda. Afirmava ser cuidadosamente católico e anti-igreja, principalmente a romana, e mais católico que o papa.

Após Doesburg visitar Mondrian em Laren (Holanda) no início de fevereiro de 1916, escreveu para Anthony Kok dizendo:

> Tenho a impressão de que v. Domselaer [compositor] e Mondrian estão a braços com as ideias do Dr. Schoenmaekers. Ele acaba de publicar um livro sobre Matemática Plástica. A base de Schoenmaekers é a Matemática. Ele respeita a Matemática como a única coisa pura; a única pura medição de nossas emoções. É por isso que, segundo ele, uma obra de arte deve ter sempre uma fundamentação matemática (WHITE, 2003, p. 24).

O livro a que Van Doesburg se referia era *Princípios de Matemática Plástica*, que, juntamente ao outro livro, *A nova imagem do mundo*, teria influência sobre Mondrian e o grupo *De Stijl*. A tese central dos princípios de Matemática Plástica é que o pensamento não pode existir independente da percepção. Tomando como exemplo chave a Matemática, Schoenmaekers descreve como as ideias abstratas precisam ser visualizadas ordenadamente a fim de serem realmente entendidas.

Por meio da Geometria Euclidiana e de meios místicos, Schoenmaekers demonstra os princípios da Matemática Plástica chamada também de Matemática Visual. Sobre esses princípios, Elgar (1973) revela que Schoenmaekers afirmou que por mais persistente e caprichosa que a natureza possa ser nas suas variações, funciona sempre, basicamente, com uma regularidade absoluta, ou seja, com uma regularidade plástica. O próprio Mondrian afirmou que a Pintura oferece ao artista um meio tão exato como a Matemática de interpretar os fatos essenciais da natureza.

Mondrian retirou muitos dos conceitos do Neoplasticismo dessa fonte, conceitos esses que fizeram parte da fundamentação teórica dos textos publicados na revista *De Stijl* sobre essa vanguarda artística. Como já dito, no livro de Schoenmaekers, encontra-se extensa referência ao dualismo, como interno e externo, representados pela linha horizontal e vertical. Outro aspecto é que Mondrian, durante a Primeira Guerra Mundial, deu mais atenção à palavra escrita, iniciando o embasamento da nova vanguarda, do que propriamente à pintura neoplasticista.

Schoenmaekers havia abordado essa situação no livro sobre a Matemática Plástica comentando, (WHITE, 2003), sobre a importância de que os artistas modernos falem e escrevam sobre seus trabalhos para mostrar que uma nova visão relativamente objetiva crescia fortemente nos dias que corriam. Para o filósofo, ela devia, primeiramente, ser declarada em palavras que poderiam explicar a amplitude das circunstâncias naturais. Aí, então, a cultura perceberia sua ligação nas várias particularidades da vida e, como consequência, a nova arte de qualidade exporia as suas observações sem palavras.

Talvez, por essas reflexões e sentido pessoalmente a dificuldade da grande maioria em entender a nova plástica, é que, durante a sua vida, Mondrian nunca deixou de escrever para fundamentar sua proposta de uma nova imagem na Arte. Com isso, também suas ideias amadureciam e ele tinha condição de ir mais além. No pensamento de Schoenmaekers, a abstração era uma forma de Arte que expressa a nova situação sem qualquer necessidade de um maior desenvolvimento ou explicação.

No artigo de 1942, intitulado "Rumo à verdadeira visão da realidade", Mondrian (1957, p. 28-31) utiliza, em alguns momentos, conceitos de Geometria para apresentar, novamente, os fundamentos do Neoplasticismo. São eles:

> [...] Concluí que o [ângulo reto] é única relação constante e que, por meio das proporções da dimensão, se podia dar movimento a sua expressão constante, quer dizer dar-lhe vida. [...] Excluí cada vez mais das minhas pinturas as [linhas curvas], até que finalmente minhas composições consistiram unicamente em linhas [horizontais e verticais] que formavam [cruzes], cada uma separada e destacada das outras. Observando o mar, o céu e as estrelas busquei definir a função plástica por meio de uma [multiplicidade] de [verticais e horizontais] que se [cruzavam]. [...] Ao mesmo tempo estava completamente convencido que a expansão visível da natureza e ao mesmo tempo sua limitação; as linhas verticais e horizontais são expressão de duas forças em oposição; isto existe em todas as partes e domina a tudo; sua ação recíproca tudo domina. [...] Comecei a determinar [formas]: as verticais e horizontais se converteram em [retângulos]. [...] Era evidente que os retângulos como todas formas, tratam de prevalecer uma sobre as outras e devem ser neutralizadas por meio da composição. Em definitivo, os retângulos nunca são um fim em si mesmo, mas uma consequência lógica de suas [linhas] determinantes que são [contínuas] no [espaço] e aparecem espontaneamente ao efetuar-se a cruz

de linhas verticais e horizontais. [...] Mais tarde, a fim de suprimir as manifestações de [planos] como retângulos reduzi a cor e acentuei as linhas que os limitavam cruzando-as.

No artigo de 1937, "Arte plástica e arte plástica pura", Mondrian (1957, p. 80) novamente faz uso da Geometria para fundamentar o Neoplasticismo:

> Pois toda [linha], toda [forma], representa uma [figura]; nenhuma forma é absolutamente neutra. A rigor tudo de ser relativo, mas já que necessitamos das palavras para expressar nossos conceitos, devemos nos ater a estes termos.
>
> Entre as distintas formas, podemos considerar como neutras aquelas que não têm complexidade nem as particularidades que possuem as formas naturais ou abstratas em geral. Podemos chamar neutras aquelas que não evocam sentimentos ou ideias individuais. As formas geométricas podem ser consideradas neutras por ser uma abstração tão profunda, e podem ser preferidas as outras formas neutras por causa da elasticidade e pureza de suas formas.

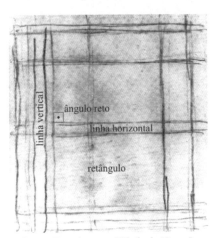

Piet, Mondrian. *Estudo para Cidade de Nova Iorque*. 1941.
Carvão em papel, 22,8 x 20,9 cm
Musée national d'art moderne, Centre Georges Pompidou, Paris.

Entre os escritos de Mondrian, um dos mais importantes é aquele que trata dos princípios do Neoplasticismo e que fazem parte do ensaio escrito em 1926 com o título "A casa, a rua e a cidade". Curiosamente, esse ensaio que trata do Neoplasticismo na Arquitetura só foi publicado em 1946. Mondrian (2008, p. 165) escreve assim:

> Nossa época, isto é o futuro, exige *o puro* equilíbrio, e só há um caminho para alcançá-lo. Existem infinitas maneiras de se expressar a beleza, mas a pura beleza, *a expressão plástica do puro equilíbrio*, mostra-se apenas através de *meios puros de expressão plástica*. Essa é uma das leis mais importantes do neoplasticismo para a construção da casa, da rua e, portanto, da cidade. Mas apenas os meios puros de expressão plástica não bastam para produzir a expressão neoplasticista: eles devem ser compostos de tal maneira que percam a sua individualidade e, por meio de uma contraposição neutralizante e aniquiladora, formem uma unidade inseparável.

A partir daí, o artista lista os seis princípios do Neoplasticismo utilizando conceitos geométricos (*ibid*, p. 165-166):

> 1) O meio de expressão plástica deve ser o [plano retangular] ou o [prisma], em uma cor primária (vermelho, azul ou amarelo) ou em uma não cor (branco, preto ou cinza). Na Arquitetura, o espaço vazio vale como não cor. A matéria desnaturalizada pode ser considerada como cor.
>
> 2) É necessária a equivalência em dimensão e cor dos meios da expressão plástica. Se forem diferentes em dimensão e cor, devem ter um mesmo valor. Em geral, o equilíbrio indicado para grande superfície de não-cor ou espaço vazio é uma pequena superfície de cor ou matéria.
>
> 3) A dualidade contraposta no meio de expressão plástica é igualmente exigida na composição.
>
> 4) O equilíbrio invariante é atingido por meio da relação da posição e é expresso plasticamente pela [linha

reta] (delimitação do meio puro de expressão plástica) em sua contraposição principal, isto é, perpendicular.

5) *O equilíbrio que neutraliza e anula os meios puros de expressão* surge através das relações de [proporção], na qual aqueles meios estão dispostos e realizam o ritmo vivo.

6) A repetição natural [a simetria] deve ser anulada.

Mies Van der Rohe.
Pavilhão da Alemanha. Barcelona, 1929.

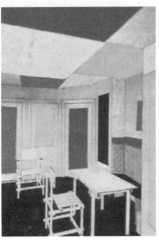

Theo Van Doesburg
Projeto para uma sala da casa de Bart
van der Ligts e, Katwijk aan Zee, 1919.
Aquarela sobre papel montada sobre cartão, 27 x 21 cm
Rijksdienst Beeldende Kunst, Haia.

No sexto princípio, é possível que Mondrian teve a influência do filósofo neoplatônico Plotino, que, na *Eneida sobre o Belo*, afirma:

> Quase todo mundo afirma que a beleza visível resulta da simetria das partes, umas em relação às outras e em relação ao conjunto, e, além disso, de certa beleza de suas cores. Nesse caso, a beleza dos seres e de todas as coisas seria devido à sua simetria e sua proporção. Para aqueles que pensam assim, um ser simples não será belo, mas apenas um ser composto. Ademais, cada parte não terá a beleza em si mesma, mas apenas ao combinar-se com outras para constituir um conjunto belo. No entanto, se o conjunto é belo, é necessário que as partes sejam belas, pois uma coisa bela não pode ser constituída de partes feias. Conforme essa opinião, as cores belas, e mesmo a luz do Sol, sendo desprovidas de partes, e portanto desprovidas de um bela simetria, seriam desprovidas de beleza. E por que o ouro é belo? O mesmo pode ser perguntado a respeito dos sons [...] (PLOTINO, 2000, p. 20).

Em seus escritos, Mondrian pode também ter sido influenciado pelo filósofo Hegel. Essa influência teria acontecido por meio de G.J.P.J. Bolland (1854-1922), professor de Filosofia da Universidade de Leiden (Holanda) e seguidor de Hegel.

Marino (2006) destaca que a principal influência de Hegel sobre Mondrian foi a definição de Arte como conciliação de contrários. Hegel reflete sobre a noção de espírito por meio de espírito objetivo e espírito absoluto. Por espírito objetivo entende-se as instituições fundamentais do espírito humano, ou seja, o direito, a moral e a ética; e por espírito absoluto entende-se o mundo da Arte (manifestação sensível do absoluto), da religião (a ideia do absoluto representada) e da Filosofia (síntese das duas primeiras).

Essas três formas do espírito absoluto são manifestações da ideia e da razão. Para Hegel, a Arte, como um dos estágios do espírito absoluto, como sua manifestação sensível, serve de solução de conflitos, de conciliação entre natureza e espírito.

Voltando à utilização da Matemática na fundamentação e representação do neoplasticismo, Schapiro (2001) escreve que na obra de Mondrian pode-se fazer alusão a algumas relações nas pinturas, como "abstraídas" ou transportas da arte que as precedeu se isso nos levar a pensar que as Unidades possam ser reduções de formas naturais complexas a formas simples e regulares.

Será que a utilização dessas relações de composição, ainda que aplicadas a unidades geométricas específicas que tinham como característica o elementar, o rigoroso e o impessoal como traços de uma estética inovadoramente racional, não seriam provenientes de uma atitude enfática em relação àquela perspectiva libertadora? Não se pode ler Mondrian sem que se perceba o seu desejo de integrar em um espírito utópico a sua teoria da Arte com o todo da vida social e com a promessa de uma emancipação maior por meio do avanço da modernidade.

Mondrian no seu atelier parisiense com a *Composição em losango com quatro traços amarelos* e *Composição com quadrado colorido*, 1934.
Haags Gemeentemuseum, Haia

Capítulo VI

Ensino da Arte e da Matemática escolar no Brasil

Apontamentos da história da Matemática no Brasil

A educação de um país desenvolve-se, ou não, em consequência de como se comporta a economia e o sistema político vigente; e a serviço de quem esse processo é, ou não, realizado. Em primeiro lugar, Romanelli (2001) constata que a forma como evolui a economia interfere na organização e na evolução do ensino, já que a conjuntura econômica pode, ou não, criar a necessidade de uma demanda que deve ser preparada pela escola.

Discorre, em segundo lugar, sobre a importância da evolução da cultura, especialmente da letrada. As escolhas da população que busca a escola são influenciadas por essa herança cultural, e os objetivos seguidos na escola pela demanda social criada estão relacionados diretamente ao conteúdo que a escola passa a oferecer. A terceira constatação tem ligações com o sistema político; e a forma como este se organiza tem ligações diretas com a organização do ensino.

Desde o "descobrimento" até 1808, ano em que a sede da Coroa portuguesa foi transferida para a Colônia, foi proibida a criação de escolas superiores no Brasil. Também era proibida a impressão e a circulação de livros e jornais.

Nesse período, a educação foi entregue aos jesuítas da Companhia de Jesus, que atendiam seu propósito missionário junto ao processo de colonização iniciado por D. João III, monarca português.

Silva (1999, p. 34) relata:

> Assim sendo, com a armada de Tomé de Souza que chegara ao Brasil em 1549, viera o Padre Manuel da Nóbrega que, em 29 de março daquele ano (mesmo dia que chegara a armada) tomara as primeiras providências para a criação de uma escola de primeiras letras. E, em 15 de abril de 1549, em Salvador, Bahia, fora fundada a primeira escola primária (de ler e escrever) no Brasil. O jesuíta Vicente Rijo Rodrigues (1528-1600) fora, portanto, o primeiro mestre-escola do Brasil. [...]
>
> No ano seguinte, isto é, 1550, chegara a São Vicente, litoral de São Paulo, o jesuíta Leonardo Nunes. Com ele vieram doze órfãos da metrópole. Naquela localidade fora construído um pavilhão de taipa no qual funcionara também uma escola primária. Estas foram as duas primeiras escolas do país. Nelas não havia aulas de Matemáticas.

Em 1572, foi criado o primeiro curso de Artes de nível avançado no Colégio jesuíta de Salvador. Com duração de três anos, este curso era composto das seguintes disciplinas: Matemáticas, Lógica, Física, Metafísica e Ética. Depois de formado, o aluno era titulado como bacharel ou licenciado. Silva (1999, p. 35) assinala que:

> O primeiro curso de Artes (um curso de nível mais avançado) fora criado em 1572, no Colégio de Salvador, Bahia, mantido pelos inacianos. Naquele curso, estudava-se durante três anos: Matemáticas, Lógica, Física, Metafísica e Ética. O curso conduzia seus alunos ao grau de bacharel ou licenciado.
>
> Naquele Colégio, o ensino das Matemáticas iniciava com Algarismos ou Aritmética e ia até o conteúdo

matemático da Faculdade de Matemática (onde se estudava, dentre outros tópicos, Geometria Euclidiana, Perspectiva, Trigonometria, alguns tipos de equações algébricas, Razão, Proporção, Juros), que fora fundada em 1757. Dos dezessete Colégios mantidos pelos jesuítas no Brasil colônia, em apenas oito funcionavam os cursos de Artes ou de Filosofia.

O autor continua afirmando que, em 1573, foi fundado um Colégio no Rio de Janeiro e, posteriormente, o curso de Artes, em que o estudo das Matemáticas era parte integrante. A partir de 1575, foram concluídos os primeiros cursos de bacharel e licenciados no Colégio de Salvador e, em 1578, os primeiros graus de mestre em Artes. Em 1581, foi a vez dos primeiros graus de doutores em Teologia. Assim, com a Companhia de Jesus, inicia-se o ensino de Matemática em nosso País.

Nas escolas elementares, eram ensinadas adição, multiplicação e divisão e, nos cursos de Artes, Geometria Euclidiana Elementar, Aritmética, Razão e Proporção faziam parte do programa.

Silva (1999, p. 3) ressalta que: "Observa-se, portanto, a gradação positiva e permanente do ensino das Matemáticas elementares por parte dos inacianos até o ano de 1757, no qual fora criado no Colégio de Salvador a Faculdade de Matemática." Com a expulsão dos jesuítas em 1759, a instrução primária ficou prejudicada. Outras ordens religiosas tentaram suprir a demanda abrindo escolas elementares que, em princípio, foram frequentadas apenas por meninos.

Com a chegada da família real em 1808, foi tomada uma série de medidas para criar uma estrutura para o bom funcionamento da corte em terras brasileiras. Dentre elas, a transferência da Biblioteca Real Portuguesa para o Rio de Janeiro e a criação da Academia Real Militar, local do desenvolvimento do ensino sistemático das Matemáticas. Silva (1999, p. 66) mostra que:

> A Academia Real Militar fora uma instituição de ensino e regime militares e destinava-se a formar oficiais topógrafos, geógrafos e das armas de engenharia,

infantaria e cavalaria para o exército do rei. Fora constituída por um curso de sete anos, assim distribuído: os quatro primeiros anos básicos, o chamado curso matemático e outro militar, de três anos de duração [...] Listamos a seguir as disciplinas (cadeiras) ministradas na Academia, a partir de 1811: 1° ano - Aritmética, Álgebra, Geometria, Trigonometria, Desenho. 2° ano - Álgebra, Geometria, Geometria Analítica, Cálculo Diferencial e Integral, Geometria Descritiva, Desenho. 3° ano - Mecânica, Balística, Desenho. 4° ano - Trigonometria Esférica, Física, Astronomia, Geodésia, Geografia Geral, Desenho. 5° ano - Tática, Estratégia, Castrametração (arte de assentar acampamentos), Fortificação de Campanha, Reconhecimento do Terreno, Química. 6° ano - Fortificação Regular e Irregular, Ataque e Defesa de Praças, Arquitetura Civil, Estradas, Portos e Canais, Mineralogia, Desenho. 7° ano - Artilharia, Minas, História Natural.

Sobre a história da Matemática no período posterior a 1822, D'Ambrosio (2008) escreve que, após a declaração da Independência, o Ensino Superior teve um grande impulso no Brasil. Foram criadas por Dom Pedro I as duas primeiras Faculdades de Direito em São Paulo e Olinda. Em São Paulo, na Faculdade de Direito no largo do São Francisco eram realizados estudos de Matemática e Lógica. Na Regência, em 1839, a real Academia Militar foi transformada em Escola Militar da Corte; em 1858, passou a ser chamada Escola Central; em 1875, Escola Politécnica; e, em 1896, Escola Politécnica do Rio de Janeiro. Lá se ensinava e pesquisava Matemática e, em 1842, instituiu-se o importante título de Doutor em Ciências Matemáticas.

Joaquim Gomes de Souza (1829-1864), o maranhense conhecido como "Souzinha", recebeu em 1848 o primeiro título de "Doctor em Mathematicas". Foram apresentadas cerca de 28 teses de 1848 a 1918, sendo a primeira de Joaquim Gomes de Souza e a última de Theodoro Augusto Ramos, que mais tarde teria importante atuação no desenvolvimento da Matemática em São Paulo.

Sobre a importância da criação das Universidades para que a Matemática se desenvolvesse, Silva (1999) ressalta que, ao se fazer um estudo sobre a história de ensino e desenvolvimento das Matemáticas no Brasil, devemos ligá-lo às tentativas de criação de universidades iniciadas a partir do século XVII até a criação da USP – Universidade de São Paulo – e de sua Faculdade de Filosofia, Ciências e Letras em 1934. Até a criação da USP foram feitas quarenta e duas tentativas de criação de universidades no Brasil.

Em abril de 1911, a Lei Orgânica do Ensino Superior e do Fundamental da República, Decreto nº 86591, conhecida como *Lei Rivadávia*, permitia, dentre outras coisas, a criação de estabelecimentos de Ensino Superior pertencentes à iniciativa privada. Esta lei também instituíra a livre-docência no país. A partir desta lei, surgiram várias instituições de Ensino Superior.

Continuando a traçar a trajetória de quarenta e duas tentativas em aproximadamente 270 anos para a criação de uma universidade, a fundação da USP, que levou o Estado de São Paulo a se destacar na liderança nos estudos de Matemática nos anos 1930, 1940 e 1950, tem origem nos planos político e econômico do país. Com o agravamento das questões políticas entre São Paulo e o Governo Federal – iniciada na década de 1920 e que atingiu o seu auge na década de 1930, quando em 1932, na chamada Revolução Constitucionalista, São Paulo se rebela contra o governo de Getúlio Vargas reivindicando uma constituição para a nação. São Paulo foi submetido a um cerco militar e derrotado, seguindo-se a esse fato perdas políticas.

O interventor Armando Salles de Oliveira (1887-1945) resolveu, então, investir recursos na criação de uma universidade que viesse a resgatar, por meio das ciências e letras, as perdas sofridas para o governo central.

Nesta instituição, teve início um novo ciclo para o ensino e desenvolvimento da pesquisa Matemática no Brasil, livre da influência do positivismo de Augusto Comte. Nela foi criado um curso de graduação em Matemática, que formava matemáticos e professores de Matemática para os ensinos superior e secundário; o que representava algo de novo no País dos bacharéis.

Ao Professor Theodoro A. Ramos (1895-1935), docente da Escola Politécnica de São Paulo, que auxiliara a Comissão Organizadora da USP, coube a função de contratar professores europeus para a Faculdade de Filosofia e Letras. Foram contratados os matemáticos italianos Luigi Fantappié (1901-1956), com 33 anos de idade e no auge de sua atividade científica, e Giacomo Albanese (1890-1957), que juntamente a Fantappié impulsionou a Matemática no Brasil.

Fantapié, que veio ao Brasil com a permissão do governo italiano, era catedrático de Análise Matemática na Universidade de Bologna e diretor do Instituto Matemático *Salvatore Pincherle*. No Brasil, dedicou-se à formação de uma escola de Matemática, da propagação da necessidade de estudos de Matemática e, por meio da divulgação de escritos contendo suas ideias, sobre a necessidade da reforma do ensino secundário em geral e o de Matemática em particular. Combateu o que chamou de *ensino enciclopédico*, repleto de fórmulas e regras que deveriam ser decoradas e em nada contribuíam para a formação da personalidade do indivíduo.

Em 1935, na cidade do Rio de Janeiro, foi criada a Universidade do Distrito Federal (UDF) sob a liderança de Anísio Teixeira (1900-1971) que teve uma vida curta. A instauração do Estado Novo em novembro de 1937 criou condições para a eliminação da UDF, por razões políticas, e a incorporação de seus quadros à Faculdade Nacional de Filosofia da Universidade do Brasil, criada em 1939. A UDF foi uma instituição voltada para o estudo e a pesquisa científica básica ligada ao ensino.

Voltando à década de 1910, vemos que um grande número de intelectuais participaram de movimentos para se criar uma consciência nacional sobre a resolução dos problemas de ordem político-social que afligiam o Brasil, entre eles, a educação, a saúde e o emprego. Foi uma preparação para o que aconteceria na próxima década. A Sociedade Brasileira de Ciências foi, então, transformada em Academia Brasileira de Ciências e, a partir de então, iniciou-se um intercâmbio com instituições de outros países ligadas à Ciência. Essa parceria culminou na vinda de Albert Einstein e de outros cientistas ao Brasil. Nessa época, em 1922, aconteceria em São Paulo a Semana de Arte Moderna.

No Rio de Janeiro, ocorreu a fundação da Associação Brasileira de Educação (ABE) em 1924, cuja preocupação era a qualidade e o futuro da educação. Em 1932, aconteceria o Manifesto dos Pioneiros da Educação, sendo Anísio Teixeira um de seus representantes. Esse manifesto reivindicava uma política de educação, universidades, faculdades de Ciências e pesquisa científica.

A ABE promovia cursos de extensão e conferências para professores. Seus membros eram incentivados a escrever artigos em jornais que mobilizassem a opinião pública. A ABE promoveu a 1ª Conferência Nacional de Educação, e o matemático e professor Manuel Amoroso Costa (1885-1928) apresentou seu trabalho intitulado "A Universidade e a pesquisa científica", que apresentava como conclusões que as faculdades de Ciências deveriam formar pesquisadores nos diversos campos de atuação desta área do conhecimento, além de apresentar o que de importante existia até então.

Esses pesquisadores deveriam ser professores dessas faculdades, exercendo uma quantidade de trabalho docente que não interferisse nas pesquisas em andamento, garantindo-lhes todos os recursos necessários e uma remuneração que lhes permitisse total dedicação ao trabalho.

Na década de 1930, a FFCL, da Universidade de São Paulo, começa a formar professores e pesquisadores. A partir dessa época, começou a ser formada uma comunidade matemática brasileira, fato este significativo para o ensino e desenvolvimento da Matemática em nosso País. Como consequência, inicia-se a publicação de livros de Matemática de autores brasileiros e importantes autores estrangeiros.

Foram publicadas, também, revistas especializadas sobre Matemática, como a *Revista Brasileira de Matemática*, a qual tinha como um dos responsáveis Julio César de Mello e Souza, que, mais tarde, em 1950, também dirigiu a revista *Al-Karismi*, veículo que tratava sobre recreações matemáticas.

A partir da década de 1940, segundo Silva (1999), foram fundadas as sociedades científicas de Matemática. A primeira delas, a

Sociedade de Matemática de São Paulo em São Paulo, foi fundada em 1945 e extinta em 1969. Em seguida, foi fundada a Sociedade Paranaense de Matemática, criada em Curitiba em 1953. Em 1969 foi a vez da Sociedade Brasileira de Matemática (SBM) e da Sociedade Brasileira de Pesquisa Operacional (SOBRAPO), cujo objetivo foi o de incentivar a pesquisa operacional em nosso País.

E, então, com o objetivo de congregar profissionais da Matemática Aplicada às ciências físicas, biológicas, socioeconômicas e da engenharia, nasce, em 1978, a Sociedade Brasileira de Matemática Aplicada e Computacional (SBMAC); e com o objetivo de reunir profissionais da área de Educação Matemática, a Sociedade Brasileira de Educação Matemática (SBEM) é lançada em 1987, e, por ocasião dos vinte e cinco anos de fundação em 2013, Ubiratan D'Ambrósio, seu presidente de honra, escreveu no site da SBEM:

> A Sociedade Brasileira de Educação Matemática foi criada para atender à demanda da comunidade de professores de matemática e de educadores matemáticos, que sentiam a falta de um espaço para apresentar e discutir problemas originados em suas práticas e procurar, em cooperação com colegas, uma resposta às suas indagações. Sua criação foi devido a esse objetivo maior e sua existência está marcada por essa missão. Parabéns à atual Diretoria por manter ativa a razão de ser da SBEM.

A Matemática escolar no Brasil

Até por volta de 1759, os jesuítas atendiam 0,1% da população, e, de poucos anos para cá, tentamos resolver problemas educacionais que em muitos países foram resolvidos há 100 anos. Vivemos o dualismo entre a presença do analfabetismo e a ausência de educação primária gratuita e universal, ao lado de uma profunda e sofisticada preocupação em aplicar as mais importantes propostas pedagógicas. Apesar da oferta de vagas ter aumentado, por diversas razões ainda não estamos com todas as crianças na escola.

A nós interessa, dentro desse contexto, uma incursão à Matemática escolar no Brasil para refletir sobre possíveis motivos que afastaram a aproximação entre a área em questão e a Arte.

A Matemática ainda hoje é considerada como a mais temida matéria dos componentes escolares em todos os níveis de educação. Existem razões pedagógicas, didáticas e históricas para isso, mas cuja análise fugiria ao objetivo dessa pesquisa.

É recente o estudo sobre a história das matemáticas escolares. Essa história inicia-se na Europa e, depois, na América, nas aulas de artilharia dos exércitos nacionais. No Brasil, tal estudo surgiu em 1738, na Fortificação do Rio de Janeiro.

Não existem muitas informações sobre o ensino da Matemática no Brasil, o qual era feito ligado ao ensino da Física. Vários professores de Coimbra estiveram aqui, mas em atividades relacionadas à Cartografia, Astronomia e Engenharia. Não havia nada sistematizado.

Sobre esse fato, Valente (2002) escreve que passou muito tempo para que, no Brasil e em toda Europa, a Matemática saísse da posição de ensino prático, técnico e menor e passasse a ter um lugar junto às Letras como cultura geral escolar e a ser entendida como utilitária e prática. Era senso comum na época que ocupar-se das Ciências, e da Matemática em particular, tiraria um tempo importante que poderia ser utilizado para o estudo das Letras, que eram consideradas importantes para a formação do homem.

A partir de 1580 e durante 60 anos, Portugal esteve sob o domínio da Espanha. Quando Portugal libertou-se, essa condição passada motivou uma atenção maior ao setor militar e, em particular, à artilharia. Em 1647, foi criada a aula de Fortificação e Arquitetura Militar, para a qual foram contratados especialistas sobre o assunto de outros países. Um ano depois, especialistas contratados por Portugal vieram para o Brasil para promoverem a formação de militares com o intuito de trabalharem nas fortificações.

D'Ambrósio (2008) comenta que, naturalmente, o pessoal que cuidaria da defesa deveria ser preparado na Colônia e, com objetivo dessa preparação, publicaram-se dois livros de grande importância. O *Exame de artilheiros*, publicado por José Fernandes Pinto Alpoim (1700-1765) em 1744, foi o primeiro livro de Matemática escrito no Brasil; e, em 1748, o mesmo autor publicou *Exame de Bombeiros*. Por não haver imprensa em nosso país, os livros foram impressos respectivamente em Lisboa e Madrid. Esses livros tratam de Matemática Elementar e foram escritos na forma de perguntas e respostas, com o objetivo de preparar os interessados para os exames de admissão à carreira militar.

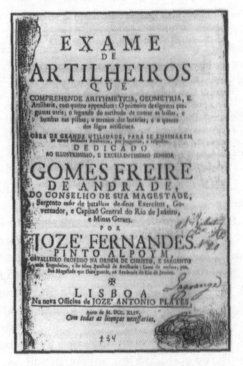

Exame de Artilheiros

Na França, em 1720, foram criadas cinco escolas de educação militar para aspirantes e oficiais ao Corpo de Artilharia. Um dos primeiros professores foi Bernard Forest Bélidor, que se tornou autor de livros sobre Matemática e manuais técnicos.

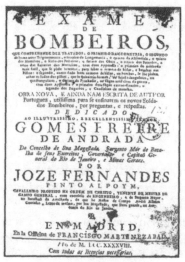

Exame de Bombeiros

Esses livros foram utilizados na reorganização do exército português devido à criação de escolas nos regimentos militares.

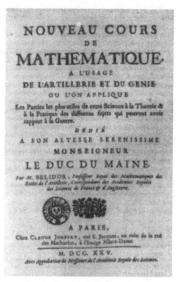

Novo Curso de Matemática

No Brasil, as forças militares careciam também de reorganização e, com a eminência de batalhas contra os espanhóis no Rio da Prata, em 1767, foi criada a Aula do Regimento de Artilharia do Rio de Janeiro. Este curso substituiu a Aula de Fortificação, utilizando como bibliografia os escritos de Bélidor.

Outros escritos desse autor foram usados nas escolas militares do Brasil por volta de 1764. Na França, os escritos de Bélidor foram substituídos pelos de Bézout e, no Brasil, utiliza-se, na época, a *Geometria Prática*, de Bernard Forest de Bélidor, e a *Aritmética*, de Etienne Bézout. Morales (2003) conta que os livros de Bélidor e Bézout tinham um grau de sofisticação maior que os de Alpoim por não se preocuparem, como ele, em escrever um livro limitado à prática.

Essas obras são consideradas ícones de dois períodos da história da educação escolar no Brasil. No entender de Valente (2002, p. 87), Bélidor e Bézout são matrizes da Matemática escolar. Os textos mostram-se voltados para o ensino ou endereçados para os alunos.

A partir desses autores, a Aritmética e a Geometria são separadas na educação brasileira e, mais tarde viria, a Álgebra, tendência que marca os livros didáticos e a educação escolar do século XIX. Nessa fase, as obras que serviram de base para o ensino da Matemática escolar buscaram a elementarização do ensino desse componente escolar.

Vieram as obras de Francisco Vilela Barbosa (1769-1846), o Marquês de Paranaguá, que seguiam a mesma estruturação de Bézout. Em 1810, foram adotados, na Academia Real Militar,

Aritmética, Álgebra e Geometria, de Lacroix, e *A Geometria e a Trigonometria Retilínea*, de Legendre, autores que buscam maneiras novas de apresentar os elementos da Matemática.

A partir de 1827, com a criação dos vestibulares, a Matemática escolar muda de roupagem e passa a integrar definitivamente a cultura escolar. Os programas de Matemática passam a ser objeto de reflexão para serem escolhidos aqueles que deveriam fazer parte da formação dos estudantes das escolas superiores

O conteúdo completo que satisfaria essas necessidades já era integrante do ensino das escolas militares e passam a fazer parte dos exames vestibulares das carreiras de bacharéis e médicos. Na Academia Militar, que se transforma em Curso Superior de Engenharia, a Matemática dos primeiros anos vai ficando a cargo do ensino preparatório.

Nesse contexto, começa a produção de livros didáticos criados por autores brasileiros; e a Matemática escolar surge na forma de apostilas por autores dos cursos preparatórios que terão influência em como ensinar a Matemática Elementar.

Uma outra fase da Matemática escolar aparece com Cristiano Ottoni, a partir de 1845, com o pequeno livro *Juízo crítico sobre o Compêndio de Geometria adoptado pela Academia de Marinha do Rio de Janeiro*. Essa obra, que fazia críticas ao livro do Marquês de Paranaguá, Francisco Vilela Barbosa, *Elementos de Geometria*, era utilizada por Ottoni em suas aulas.

A partir de 1852, Ottoni lança seus livros *Elementos de Geometria*, *Elementos de Aritmética* e *Elementos de Álgebra*, influenciados pelas obras de Pierre Marie Bourdon.

No fim do século XIX, um enorme número de livros didáticos foi publicado, tendo como autores professores de Matemática. Destacam-se na produção de textos de Matemática escolar desse período uma grande quantidade de obras sobre Aritmética. Destacam-se as obras de Coqueiro, Serrasqueiro, Vianna, Aarão e Lucano Reis e Trajano.

Essas obras mostram duas tendências. A primeira é criticar os livros de Ottoni, e a outra, deixar de escrever para professores e escrever para os alunos, o que mostra uma preocupação com a didática da Matemática.

No início do século XX, surgem os livros de Matemática com a sigla FIC (*Fréres de l'Instruction Chrétienne*) traduzidos por Eugênio Raja Gabaglia. Essa coleção é anônima, pois, logo no seu início, vem a indicação por uma reunião de professores, tendência que é seguida com a coleção FTD (*Frére Théophane Durand*), utilizada pelo Colégio Pedro II e por colégios católicos, liceus provinciais e cursos preparatórios.

A partir daí surgem as grandes editoras de materiais didáticos que darão forma ao novo texto de Matemática escolar. Os livros de Matemática escolar passam, então, a incluir os exercícios nos textos não mais como anexos, mas como parte integrante da teoria escolar.

A Ata da Congregação do Colégio Pedro II de 14 de novembro de 1927 foi fundamental para a Matemática Nova do Brasil. Entre os professores que assinaram esse documento estão Euclides Roxo, Cecil Thiré e Mello e Souza, o Malba Tahan, considerados autores escolanovistas.

Esse documento propõe que, no Brasil, sejam adotados princípios da reforma realizada na Alemanha por Félix Klein. O principal elemento dessa reforma fazia referência à fusão da Aritmética, da Álgebra e da Geometria em uma disciplina chamada Matemática.

No início do século XX, a preocupação com o ensino da Matemática era grande. Em 1908, no IV Congresso Internacional de Matemática, em Roma, criou-se a Comissão Internacional para o Ensino da Matemática, presidida pelo matemático Félix Klein (1849-1925). Um dos objetivos dessa comissão era reorientar os métodos de ensino voltados para a intuição e suas aplicações.

Esse movimento se fez sentir no Brasil pelas questões pedagógicas levantadas em relação ao ensino da Matemática. Nesse sentido, a partir de 1929 surgem novos programas no Colégio Pedro II. Par i Euclides Roxo, a nova proposta de ensino de Matemática no Brasil pretendia reunir as tendências do movimento de reforma internacional baseado em três questões consideradas principais: metodologia, seleção da doutrina e finalidade do ensino.

As principais tendências compreendiam o ensino visto do ponto de vista psicológico, voltado mais para o ser humano do que para o conteúdo, e levando em conta a intuição e a maturidade do aluno. São eles: o ensino da Matemática com conexões estabelecidas com os outros componentes curriculares e o ensino da Matemática subordinado aos fins da escola moderna de estarem incluídos assuntos dependentes das aplicações que seriam feitas por outras disciplinas, em particular, às ciências físicas e naturais.

Em 1937, Euclides Roxo publicou *A Matemática na Educação Secundária*, um livro em que expõe todas as suas ideias em relação ao aprendizado da Matemática. Vejamos algumas considerações feitas por ele na introdução da obra:

A agitação que, desde o findar do século passado, se observa em torno dos problemas educacionais, não poderia deixar de atingir o "ensino da Matemática". Matéria considerada geralmente como definitivamente constituída e acabada, pareceria, à primeira vista, que seu "ensino" não oferece ensanjas (chances), dúvidas e discussões. De fato uma ciência que, como quase toda gente supõe, não evolui, sistematizada que está há muitos séculos, já deveria ter seu programa e a sua metodologia definitivamente estabelecidos.

Quando muito se admitiriam maneiras de ensinar próprias deste ou daquele professor. Uma melhoria do ensino teria de resultar da aptidão inata do mestre [...] os processos de educação têm evoluído consideravelmente, em consequência das pesquisas no domínio da psicologia da infância e da adolescência. Por outro lado, a formação cultural do jovem deve ser encarada de um ponto de vista global, sem, portanto, excluir nenhuma das disciplinas do currículo.

Deixando mesmo de parte o problema da aprendizagem e da metodologia, ha questões de ordem mais geral, cuja investigação veio, por assim dizer, romper o estado de equilíbrio ou de cristalização a que, através de alguns séculos, atingira o ensino da Matemática. [...] De fato: um movimento renovador do ensino da Matemática começou a delinear-se em fins do século passado na Alemanha e na Inglaterra, para logo se estender a todos os principais países do globo (Roxo, 1937)

Para justificar suas ideias, Euclides Roxo continua citando vários matemáticos conceituados como Félix Klein, Henri Poincaré, entre outros:

Esses grandes espíritos sentiram que o ponto de vista estreito e fechado, em que geralmente se mantinham os professores secundários de seus países, apegados ao sentido clássico do ensino, não mais se coadunava com o papel que a ciência matemática, graças aos seus modernos desenvolvimentos, deve ter no progresso material e cultural dos tempos que correm (Roxo, 1937)

O matemático explica que o livro é uma simples apresentação de muitas opiniões abalizadas sobre as questões mais relevantes e de ordem mais geral relativas ao ensino da Matemática; e que ele se aproximará dos problemas mais gerais, sendo os de ordem didática e metodológica deixados de lado. Comenta, ainda, que nenhuma ideia ali colocada é sua e justifica a razão pela qual o livro possui grande número de citações. Afirma que não se julga com força para defender ideias tão revolucionárias e que só ousou apresentá-las sob o escudo de nomes de indiscutível valor.

O livro de Roxo (1937, p. 281) trata dos seguintes grandes temas:

> Capítulo I: Esboço evolutivo do pensamento matemático
>
> Capítulo II: Esboço evolutivo do ensino matemático
>
> Capítulo III: Intuição e lógica na Educação Matemática
>
> Capítulo IV: O valor da transferência em Educação Matemática
>
> Capítulo V: Os objetivos da Educação Matemática
>
> Capítulo VI: Escolha e organização da matéria
>
> Capítulo VII: Conexão entre as várias partes da Matemática e entre esta e as outras disciplinas do curso
>
> Capítulo VIII: A noção de função como ideia axial do ensino
>
> Capítulo IX: Curso propedêutico de Geometria intuitiva
>
> Capítulo X: Introdução do Cálculo Infinitesimal no curso secundário
>
> Capítulo XI: Importância das aplicações na Educação Matemática
>
> Capítulo XII: Humanização da Educação Matemática

Discorrendo sobre a significação humana da Matemática, no último capítulo Euclides Roxo escreve (p. 269): "Desde, porém, que o matemático passa da situação de estudioso ou pesquisador à de professor, cessa aquele direito à indiferença, pois vai exercer uma atividade, cujas funções são sociais, ou mesmo eminentemente sociais e cujas obrigações são humanas."

Em seguida, afirma que:

> A concepção da Matemática qual ciência das formas como formas, a sua concepção como prolongamento, elaboração e requinte de pura lógica, é um resultado, talvez o resultado filosófico culminante, de um século de esforço para estabelecer o que é a Matemática na sua estrutura íntima.

Também cita que autores como Peano, Russel e Whitehead defendem esse pensamento e conclui assim:

> Se quisermos, porém que nos digam o que essa ciência humanamente significa, devemos procurar alhures. Devemos olhar para um matemático como Platão, por exemplo, ou para um filósofo como Poincaré, mas devemos considerar especialmente as nossas faculdades, a fim de discernir aquelas conexões – comunidades de objetivo, analogias informais, semelhanças estruturais – que ligam todas as grandes formas da atividade e da aspiração humanas (ciências naturais, etnologia, filosofia, jurisprudência, religião, **arte** e **matemática** (grifo nosso) em um grande e único empreendimento do espírito humano.

Roxo propõe que a Matemática faça pontes entre as diversas partes do conhecimento humano, entre elas, a Arte. É uma sugestão que demorará muitos anos para começar a ser adotada. Talvez essa seja uma das primeiras vezes que surge uma sugestão para que a Matemática e a Arte aproximem-se e, consequentemente, a Arte e a Matemática em Mondrian começam a ter significado dentro da escola.

Euclides Roxo (1890-1950), o primeiro educador matemático brasileiro, foi professor e Diretor do Externato do Colégio Pedro II e membro da ABE – Associação Brasileira de Educação. Publica, em 1929, o primeiro dos livros da coleção *Curso de Mathematica Elementar* dentro da nova proposta de ensino da Matemática. Foi responsável pelo programa de Matemática da "Reforma Francisco" Campos, em 1931. Em 1937, é nomeado Diretor da divisão de Ensino secundário e, em 1942, integra o grupo que elaborou os programas de Matemática na Reforma Capanema. Foi grande a influência de Roxo na Educação Matemática até 1950.

Félix Klein e Euclides Roxo fizeram parte do movimento Escola Nova. Essa iniciativa foi fundamental para a evolução da Educação em todo o mundo. A pedagogia tradicional representada por Herbart (1776-1841) começa a perder terreno no início do século XX para a pedagogia escolanovista norte-americana. Os expoentes da Escola Nova foram John Dewey, William Killpatrick, Maria Montessori e Celestin Freinet e, no Brasil, destacamos Anísio Teixeira, Fernando Azevedo e Lourenço Filho.

A pedagogia escolanovista passa, então, a considerar o aluno como o centro do ensino, valorizando os métodos ativos da aprendizagem. O aluno é o sujeito do processo de ensino-aprendizagem e não mais um passivo receptor de conteúdos. Os professores Cecil Thiré e Júlio César de Mello e Souza fizeram parte da mudança proposta por Euclides Roxo; e essa participação vale ser destacada pelo que estes profissionais representam na história da Matemática do Brasil e nos objetivos de nossa pesquisa. Thiré, autor de livros, foi considerado um dos melhores professores do Colégio Pedro II, e Júlio César de Mello e Souza tornou-se conhecido como Malba Tahan por seus livros sobre Matemática, mostrada de forma diferente do que havia até então.

O livro *O homem que calculava*, a nosso ver, é uma aproximação entre a Matemática e a Arte; pois, por meio do personagem Beremiz, "o homem que calculava", e seu companheiro de viagem, que narra a história, são apresentadas situações do cotidiano que vão sendo resolvidas por ele por meio da Matemática. A Matemática, a Poesia, a Religião Islâmica, a História da Civilização Árabe e a discussão de "valores" estão presentes nessa obra, cuja venda já passou dos dois milhões de exemplares. Muitas das ideias dos PCN, principalmente em Matemática, já existiam em Mello e Souza.

No final da década de 40, um novo movimento começou a surgir na França e nos Estados Unidos. Motivado pelas ideias de Félix Klein, um grupo de matemáticos que se intitulavam Nicholas Bourbaki começavam um novo movimento, inicialmente na França, que tinha por objetivo inovar o ensino da Matemática. Entre eles, estavam André Weil, Jean Diudonné e Gustave Choquet.

Comentando sobre o que ocorria nos Estados Unidos, Kline (1976) relata que no início da década de 1950 o ensino da Matemática fracassou. Adultos com formação quase nada lembravam do que lhes fora ensinado e não sabiam fazer simples operações com frações. Diziam que nada aprenderam em seus cursos de Matemática. Na época da Segunda Guerra Mundial os militares norte-americanos perceberam a deficiência em Matemática entre os homens e instituíram cursos especiais para a melhoria do nível de eficiência.

Kline explica que os grupos que fizeram a reforma concentraram-se em rever o currículo. Em 1952, sob a coordenação do professor Max Beberman, foi iniciada a preparação de um novo currículo na Universidade de Illinois. Em 1960, o currículo para as escolas secundárias foi colocado em prática em bases experimentais. Mais tarde, foi preparado um currículo para a escola elementar. Os textos, antes experimentais, acabaram sendo transformados em textos comerciais. No período da Guerra Fria entre a União Soviética (URSS) e Estados Unidos (EUA), foi lançado, em 1957, pelo país socialista, o Sputinik – primeiro satélite artificial da Terra. Sputinik trouxe como efeito imediato a conclusão, pelo governo americano, de que o país estava atrás dos russos em estudos de Matemática e Ciência e, por isso, mais grupos lançaram outros tipos de currículo.

Na opinião de Morales (2003), outro fato importante aconteceu em abril de 1961 quando a TASS, Agência de Comunicação da União Soviética, anunciou que a espaçonave Vostok seria a primeira nave espacial tripulada, levando ao espaço o astronauta Yuri Gagarin. Na época, o ministro soviético desafiava os EUA a competirem com a URSS em Educação. Era o que faltava para que a Matemática Moderna ganhasse apoio e repercussão mundial.

Voltando ao movimento da Matemática Moderna na França, Borges (2005) afirma que o grupo Bourbaki, tendo por base a noção de estrutura, era partidário da sistematização das relações matemáticas. Uma Matemática estruturalista, abstrata, baseada nas estruturas gerais, que englobariam todos e quaisquer elementos matemáticos. A produção e o ensino da Matemática de todo o mundo na época teve grande influência do Bourbaki.

Escrevendo sobre o momento intelectual dessa época, Morales (2003, p. 120) esclarece:

> Nesta época, existia muito forte no meio acadêmico, em todas as áreas, a corrente filosófica do estruturalismo, que, entre os aspectos comuns, estava a inteligibilidade. Os Bourbaki eram partidários do estruturalismo, e, por isto, ganharam apoio em todas as áreas, mas, o apoio mais importante foi do psicólogo suíço Jean Piaget, reconhecido como maior autoridade em educação do mundo. Piaget, estruturalista, acreditava que a criação de estruturas mentais deveria ser o objeto principal do ensino, e, acreditava que, com o ensino de uma Matemática através de estruturas, fundamentalmente a estrutura de grupo, a criança desenvolveria estruturas mentais. Em suas várias experiências, mostra que a abordagem moderna da Matemática tem mais eficiência do que a clássica, e, passa a apoiá-la. A Comissão Internacional para o Aprimoramento da Matemática (escolar) era constituída por: Jean Dieudonné (Bourbaki), A. Lichnerowiscs (matemático do College de France), G. Choquet (matemático da Universidade de Paris, França), E. W. Beth (lógico-matemático da Universidade de Amsterdã, Holanda), C. Gattegno (matemático e pedagogo da Universidade de Londres, Reino Unido), Jean Piaget (psicólogo da Universidade de Genebra). Esta comissão culmina com a publicação do livro *L'Enseigment des Mathématique*, em 1955.

Ensino da Arte e da Matemática escolar no Brasil

De maneira simples, o Estruturalismo é uma teoria segundo a qual o estudo de uma categoria de fatos deve enfocar especialmente suas estruturas.

Foi criada, em 1950, a Comissão Internacional para o ensino da Matemática, com o objetivo de propor a reforma do ensino desta ciência e a introdução da Matemática Moderna. A proposta desse grupo é incorporar as novas pesquisas em Educação, os aspectos psicológicos e as descobertas da Matemática da segunda metade do século XVIII em diante, pois, com a criação e integração do Cálculo Diferencial e Integral e da Geometria Analítica, a Matemática passou a ser trabalhada em outro contexto.

Morales (2003, p. 119) escreve:

> Apesar das inúmeras ligações entre as matemáticas, as linguagens eram completamente diferentes, até que apareceriam ideias unificadoras, como a Álgebra de Galois, a Teoria dos Conjuntos de Cantor e a Axiomática de Hilbert, cujo aspecto comum era a inteligibilidade. Posteriormente o Programa de Erlangen de Klein. A tarefa à qual o grupo Bourbaki se propôs era criar uma obra que contivesse uma construção lógica e completa de toda a Matemática de seu tempo, de forma unificada. Esta obra/teoria era baseada em três estruturas mães: as estruturas algébricas, as estruturas de ordem (conceito de rede) e as estruturas topológicas (proximidade, limite, continuidade).

No Brasil, a década de 1950 seria marcada por profundas modificações econômicas, políticas e sociais. Esses seriam alguns dos motivos para introduzir a Matemática Moderna no Brasil. Aqui já se falava em "Matemática Moderna" relacionada aos avanços da Matemática nos últimos 100 anos.

Na década de 1950, foi criado o Conselho Nacional de Pesquisas (CNPq), que impulsionou a pesquisa em Matemática e em outras áreas do conhecimento. Em consequência desse fato, foi criado, no Rio de Janeiro, o Instituto de Matemática Pura e

Aplicada (IMPA).Nesta época, também foi criado o Instituto Superior de Estudos Brasileiros (ISEB); e a Campanha de Aperfeiçoamento e Difusão do Ensino Secundário, a CADES, com a missão de promover o aperfeiçoamento de professores técnicos, pessoal administrativo e a difusão do ensino secundário.

Em cada país, um nome encabeçou o movimento da Matemática Moderna. No Brasil, o professor Oswaldo Sangiorgi liderou o Movimento.

Sangiorgi foi o autor da coleção Matemática Curso Moderno para os ginásios, material que foi marcante para a divulgação do Movimento no ensino ginasial no Brasil e nos locais onde foi utilizado. No ensino secundário, em função dos acordos MEC-USAID, a coleção *School Mathematics Study Group* – SMSG, produzida em 1956 para o ensino secundário, também foi relevante para os anos que se seguiram a partir 1960, nos locais onde foi utilizada.

A dimensão e o propósito desta pesquisa não contemplam um estudo mais detalhado da implantação da Matemática Moderna, mesmo assim, gostaríamos de ainda fazer algumas considerações sobre o período. A criação do Programa Americano de Ajuda ao Ensino Elementar (PABAEE) em 1956 foi mais um fato importante para a implantação da Matemática Moderna em nosso país, além dos citados.

Em 1959, acontece o 3º Congresso Brasileiro de Ensino da Matemática, no Rio de Janeiro, onde houve várias demonstrações em favor da Matemática Moderna; e a Conferência Internacional em Royaumont, na França. Também foi significativa a criação do Comitê Interamericano de Educação Matemática (CIAEM) e do Grupo de Estudos do Ensino da Matemática (GEEM), em São Paulo, no ano de 1961.

Em 1965, a Secretaria de Educação do Estado de São Paulo lança uma sugestão para um roteiro de programas de Matemática influenciados pela Matemática Moderna e, em 1966, é organizado o 5º Congresso Brasileiro de Ensino da Matemática no Instituto Tecnológico da Aeronáutica, o ITA, onde foi aceita a proposta sobre a implantação da Matemática Moderna em todo o Brasil. Nesse evento, estiveram presentes Marshall Stone e

George Papy, grandes influenciadores do ensino da Matemática Moderna no Brasil.

Após alguns anos, em 1978, Morris Kline publica *O Fracasso da Matemática Moderna*. Kline constata em seu livro – o que era óbvio aos olhos de todos que menos de 1% dos professores dos EUA lecionaram Matemática Moderna – que o principal motivo era o fato de que eles não poderiam ensinar algo que não entendiam. Além de não ser compreendida, a Matemática Moderna era ensinada de maneira excessiva.

O matemático também observou que se ensinavam os conceitos de Monoides, Grupos, Corpos e anéis desde a 5ª série. Não se ensinavam algoritmos, e umas crianças sabiam que 3+2=2+3, e que isto era a propriedade comutativa, mas não sabiam quanto era 3+2. Se exagerava na notação de conjuntos. Falava-se de isomorfismos, e as crianças não sabiam o que eram funções. Desprezava-se as aplicações e a ligação da Matemática com o cotidiano, e, em particular, da Matemática com a Arte.

No Brasil, em 1973, com a nova LDB, surgem livros que não são de Matemática Moderna, num movimento chamado "Back to Basics". Surgem os livros tecnicistas de Benedito Castrucci que conviviam com os de Matemática Moderna, aproveitando conceitos importantes trazidos por ela, como a linguagem dos conjuntos e a álgebra das Matrizes, entre outros.

Grande parte dos pesquisadores acredita que o Movimento da Matemática Moderna teve um papel fundamental para a evolução da Matemática no Brasil. O Movimento não deu certo, pois, além dos exageros cometidos, não foram levados em conta a realidade e a formação dos professores. Pais viam o caderno dos filhos e não sabiam como ajudá-los, pois, não conseguiam fazer relações com a Matemática da "tabuada" e das "operações".

No Parâmetro Curricular de Matemática – PCN (1998, p. 20) – temos a seguinte constatação:

> No Brasil, o movimento Matemática Moderna, veiculado principalmente pelos livros didáticos, teve grande influência, durante longo período, só vindo a refluir a partir da constatação da inadequação de

alguns de seus princípios básicos e das distorções e dos exageros ocorridos.

Em 1980, o National Council of Teachers of Mathematics (NCTM), dos Estados Unidos, apresentou recomendações para o ensino de Matemática, tendo como foco a resolução de problemas. A discussão curricular, em particular a da Matemática, trilhou novos caminhos quando nela se incorporou a compreensão da relevância dos aspectos sociais, antropológicos, linguísticos e cognitivos.

A partir de então, o ensino da Matemática começou a mudar em todo o mundo. O PCN de Matemática cita os pontos convergentes de propostas diferentes de 1980 a 1995, entre eles, "o direcionamento do ensino fundamental para a aquisição de competências básicas necessárias ao cidadão e não apenas voltadas para a preparação de estudos posteriores".

Outro ponto de convergência foi a ênfase na resolução de problemas a partir de situações vividas no cotidiano e encontradas nas várias disciplinas.

Várias contribuições foram feitas para o aprimoramento do ensino de Matemática nas duas últimas décadas do século XX e início desse século. São elas:

➢ aumento e divulgação de congressos e seminários sobre Matemática;

➢ aumento nas formações de professores;

➢ importância dada à educação matemática;

➢ publicações sobre Educação, Matemática e Educação Matemática;

➢ criação dos PCN;

➢ utilização da modelagem matemática que propõe a transformação de situações a nossa volta e a um modelo matemático;

➢ olimpíadas de Matemática nacionais e internacionais;

➢ história da Matemática como recurso didático;

➢ utilização dos jogos como recurso didático;

> utilização de tecnologias e, em particular, de *softwares* e vídeos ligados ao ensino da Matemática;

> utilização da Etnomatemática como fonte de pesquisa e recurso didático.

Sobre o último tópico, a Etnomatemática merece destaque especial neste livro, e, por este motivo, algumas considerações sobre ela serão feitas no próximo capítulo.

O ensino da Arte no Brasil

Ana Mae Barbosa inicia o primeiro capítulo "Situação política do ensino da Arte no Brasil no fim dos anos oitenta" de seu livro *A imagem no ensino da Arte:* anos oitenta e novos tempos, citando que,

> A partir de 1986, o Conselho Federal de Educação condenou a Arte ao ostracismo nas escolas.
>
> Em novembro daquele ano, aprovaram a reformulação do núcleo comum para os currículos das escolas de 1º e 2º graus, determinando como matérias básicas: Português, Estudos Sociais, Ciências e Matemática. Eliminaram a área de Comunicação e Expressão. O que aconteceu com a Educação Artística que pertencia àquela área? Passou a constar de um parágrafo onde se diz que também se exige Educação Artística no currículo.
>
> Que contradição! Arte não é básico na educação, mas é exigida. O que aconteceu de 1986 para cá é que a grande maioria das escolas particulares eliminaram Artes. Menos um professor para pagar! Estas escolas estão protegidas pela ambiguidade do texto redigido e aprovado pelo CFE, órgão dominado pela empresa privada do ensino. Não é básico, mas exige. A importância da Arte na escola foi dissolvida por esta ambiguidade.
>
> Aliás, o ano de 1986 foi especialmente danoso para o ensino da Arte no Brasil. Ainda em julho de 1986, em um encontro de Secretários de Educação no Rio

Grande do Sul, o Secretário de Educação de Rondônia propôs a extinção da Educação Artística, o que foi aprovado pela maioria dos secretários presentes (Barbosa, 2001, p. 1)

Essas reflexões espelham como o ensino da Arte foi encarado no Brasil pelos órgãos públicos em toda a sua história, um reflexo da sociedade dominante. Mas é significativo fazermos uma retrospectiva desse ensino.

Assim como o a Matemática e seu ensino foram introduzidos na Colônia pelos jesuítas, o mesmo aconteceu com a Arte. O autodidatismo era a marca desses primeiros artistas, que copiavam estampas europeias e gravuras religiosas. Os primeiros artistas estudavam por conta própria e pertenciam ao clero em sua maioria.

Segundo Stori e Andrade Filho (2005), da segunda metade do século XVI até o século XIX, negros e mulatos praticavam a Arte na Colônia, que era passada de pai para filho ou de mestre para aprendiz. Essa situação começa a mudar a partir de 1800 com a "Aula Régia" de Manuel Dias de Oliveira (1764-1837), pintor, gravador e escultor, que foi nomeado por Dom João VI e tornou-se o primeiro professor público a ministrar aulas de nu com modelo vivo. Ele torna-se um divisor de tendências, pois termina com a educação de artistas dentro dos ateliês e, logo, o papel do desenho fundamental passou a ser reconhecido e também passou-se a adotar uma postura artística da tradição clássica europeia.

A dependência cultural marca o ensino da Arte no Brasil. O barroco foi o primeiro produto erudito do nosso país, pois, nossos artistas, por meio da manifestação popular, criaram um barroco formalmente distinto do europeu. O ensino da Arte tinha lugar nas oficinas, sendo a única forma de educação popular. Barbosa (2001, p. 34), escreve que:

> No Brasil, tem dominado o ensino das artes plásticas o trabalho do *atelier*, isto é, o fazer Arte.
>
> Este fazer é insubstituível para a aprendizagem da Arte e para o desenvolvimento/linguagem presentacional, uma forma diferente do pensamento/linguagem discursivo, que caracteriza as áreas nas quais domina

o discurso verbal, e também diferente do pensamento científico presidido pela lógica.

O pensamento presentacional das artes plásticas capta e processa a informação através da imagem.

A Missão Francesa é considerada como o primeiro modelo institucional do estudo de Arte e um dos poucos paradigmas com atualidade no país de origem no momento de sua importação para o Brasil, pois os modelos, na maioria das vezes, foram emprestados quando já estavam desgastados no local onde surgiram.

Em 1816, a Missão Francesa chegou ao Brasil. Seus membros pertenciam ao Instituto de França, que havia sido aberto em 1795 para substituir as velhas academias de Arte suprimidas pela Revolução Francesa.

Os artistas da Missão Francesa expressavam-se por meio do estilo neoclássico que era, na época, a vanguarda europeia. O chefe da Missão Francesa era o museólogo e crítico de Arte Joaquim Lébreton (1760-1819), que veio ao Brasil para criar a Escola de Ciências, Artes e Ofícios em 1816, com uma proposta mais popular que a seguida no Instituto de França, onde ele era professor.

O projeto era baseado no ensino de atividades artísticas relacionadas a ofícios mecânicos, que levaram alguns países europeus a introduzirem o desenho criativo no treinamento de escolas para trabalhadores manuais e levarem as escolas de Belas Artes a considerar o ensino da Geometria importante. O projeto para a Colônia era repetir essa associação entre as Belas Artes e a indústria, que não deixaria de lado o equilíbrio entre as camadas populares e a elite. Mas, infelizmente, não foi isso o que aconteceu, e as camadas populares tiveram seu acesso à produção artística dificultado. A partir daí se instaurou o dilema entre a educação artística popular e a educação das camadas privilegiadas.

Araújo Porto Alegre (1806-1879), em 1855, elaborou uma proposta para revigorar a educação das elites na Academia Imperial das Belas Artes, por meio de uma maior aproximação com as camadas populares, conjugando, no mesmo espaço escolar, os dois tipos de alunos: o artista e o artesão. Juntos, esses dois tipos de estudantes participavam das disciplinas básicas; porém, o artista tinha formação em disciplinas de caráter teórico e, o artesão, em disciplinas das aplicações práticas do desenho e da mecânica.

Isso em nada mudou a ordem educacional estabelecida; e a procura por esses cursos pela classe trabalhadora foi muito pequena em consequência da simplificação do currículo e do modo como foi encarada a formação do artesão como uma benesse da elite.

Bethencourt da Silva (1831-1928) criou, em 1856, na cidade do Rio de Janeiro, o Liceu de Artes e Ofícios, que foi merecedor da confiança das classes populares. Logo, essa forma de educação espalhou-se pelo País. Em 1873, foi criada pela elite paulista na cidade de São Paulo a Sociedade Propagadora da Instituição Popular no bairro da Luz.

Nos seus estatutos, fixava, como um dos objetivos, atender às classes trabalhadoras, principalmente as que migravam do interior para a capital, ministrando os conhecimentos das artes e ofícios para artesãos e trabalhadores para as oficinas, o comércio e a lavoura. Essa escola passou, em 1882, a se chamar Liceu de Artes e Ofícios e teve um grande impulso com a direção de Ramos de Azevedo, em 1895. O Liceu tinha como professores artesãos de origem italiana que conheciam as tendências da época.

A proposta pedagógica da escola de Belas Artes não foi questionada até por volta de 1870 e influenciou o currículo das escolas secundárias para ambos os sexos, espaços em que se faziam cópias de personagens importantes, santos e paisagens europeias sem relação com a realidade brasileira. Estabeleceu-se o valor estético pelas paisagens estrangeiras em relação às de nosso país em consequência dos contrastes existentes.

Em oposição ao ensino na escola da Arte com fins de decoração, houve um movimento, na década de 1880, para tornar o desenho matéria obrigatória nos ensinos primário e secundário. Surgiram críticas feitas pelos republicanos ao sistema de educação imperial e dos abolicionistas, com a finalidade de se estabelecer uma educação popular e para os escravos libertos em que a alfabetização e a educação para o trabalho eram os principais temas. O ensino da Arte era tido como um importante elemento do ensino industrial.

Buscando um modelo em que houvesse a união entre a criação, a Arte e sua aplicação na indústria, a classe intelectual e, principalmente os políticos liberais, encontraram no inglês Walter Smith um modelo para o ensino da Arte. Em Massachusetts, para onde fora contratado, Walter Smith havia criado escolas nas quais o objetivo era a popularização do ensino da Arte. Seu trabalho foi divulgado no Brasil pelo jornal *O novo mundo*, que possuía grande importância na época. O jornal era publicado por José Carlos Rodrigues, em Nova Iorque (1872-1889), e traduzido para a língua portuguesa. Machado de Assis foi um de seus colaboradores. A finalidade do jornal era divulgar e vender produtos de fabricação americana no Brasil. A publicação apresentava a sociedade americana como modelo para o Brasil e como uma de suas principais instituições, a educação.

O novo mundo várias vezes salientou a importância do aspecto de democratização da Arte realizada por Smith, e a importância dada por ele aos exercícios geométricos progressivos no ensino do desenho. Tinha a ideia de que todos tinham a capacidade para desenhar e acreditava no ensino do desenho como forma de popularização da Arte por meio da melhoria da qualidade e do crescimento da produção industrial.

A proposta pedagógica de Smith era que o programa iniciasse com as linhas verticais e horizontais, passasse pelos ângulos e triângulos e, depois do estudo quadrados e polígonos, eram introduzidos os ornamentos e as barras gregas, as rosáceas, repetições horizontais e verticais e formas entrelaçadas. A seguir, viriam objetos com formas geométricas simples, como vasos, e, finalmente, os portais e arcos, sendo preferidos os barrocos e neoclássicos.

O livro de Abílio César Pereira Borges, um dos divulgadores da proposta de Smith, teve 41 edições publicadas e foi adotado até o final dos anos 1950. Seu objetivo era propagar o ensino do desenho geométrico e educar a nação para o trabalho industrial. As rosáceas, as frisas e as barras decorativas gregas aparecem em livros didáticos de Educação Artística durante Praticamente todo o século XX.

Barbosa afirma (2001, p. 2):

Desde o século XIX que desenho, na escola, é apenas desenho geométrico, destituído de compreensão e aplicabilidade. A dimensão da criação em Arte, que aliada à técnica gera tantos empregos e renda no país, tem estado fora do alcance das mentes tecnológicas que vêm dirigindo a nossa educação.

A Semana da Arte Moderna, em 1922, não exerceu influências imediatas no ensino da Arte; mas próximo ao fim dessa década, com a criação da Escola Nova, é proposto o ensino de Artes na escola primária. Este deve ser para todos e instrumento mobilizador da capacidade de criar ligando imaginação e inteligência. Essa linha pedagógica é abortada pela Ditadura Vargas em 1930.

Após 1930, Heitor Villa-Lobos contribuiu para a divulgação das Artes às camadas populares organizando um projeto ligado à Música. Esse registro e feito no PCN de ARTE (1998, p. 24), que afirma:

> Em música, a partir dos anos 30, dominou o Canto Orfeônico, que teve à frente o compositor Villa-Lobos. Embora não tenha sido o primeiro programa de educação musical brasileiro sério, nem o único, pois coexistiu em um emaranhado de tendências diversas, principalmente a escolanovista, esse programa pretendia levar a linguagem musical de maneira sistemática a todo país.

Nos anos de 1930, foram criadas escolas em que a Arte era uma atividade extracurricular. Destaca-se, nesse período, a contribuição de Mário de Andrade para que se começasse a pensar a produção artística da criança com critérios mais científicos, analisados de acordo com a filosofia da Arte. De 1937 a 1945, a política do Estado Novo dificultou o ensino da Arte; e o desenho geométrico e a cópia de estampas ganharam destaque na educação. Desaparece a reflexão sobre a arte-educação na proposta iniciada por Mário de Andrade. A Arte como forma de liberação emocional influenciou o movimento de valorização da Arte da criança nesse período.

Ensino da Arte e da Matemática escolar no Brasil

A partir de 1947, começaram a aparecer ateliês de Arte para crianças, cujo objetivo era sua livre expressão sem a interferência dos adultos. Lúcio Costa elaborou um programa para ensino da Arte para o Ministério da Educação. Esse programa foi influenciado pela pedagogia da Bauhaus ao dirigir a importância ao objeto da criação, articular o desenvolvimento da criação e da técnica e desarticular a identificação de Arte e natureza.

A partir de 1958, uma lei federal permitiu e regulamentou a criação de classes experimentais para o ensino da Arte. A prática dominante nessas classes foi a exploração de uma variedade de técnicas de pintura, desenho, impressão, etc.

Em 1969, o ensino da Arte era ministrado na totalidade das principais escolas particulares tendo como proposta pedagógica a linha metodológica de variação de técnicas empregadas nas classes experimentais. No entanto, isso ainda não era uma realidade nas escolas públicas, nas quais o ensino do desenho geométrico predominava.

A LDB 5.692 de agosto 1971 estabeleceu a polivalência no ensino de Arte. As artes plásticas, a música e o teatro seriam de responsabilidade de um mesmo professor nas séries do 1º grau. Foi, então, necessário criar cursos de licenciatura curta em dois anos para atender essa demanda, formação que não foi realizada com a mesma qualidade em todo Brasil:

Escrevendo sobre o alcance dessa lei com um distanciamento de alguns anos, Barbosa (2001, p. 9) afirma que:

> Artes têm sido uma matéria obrigatória em escolas primárias e secundárias (1º e 2º) no Brasil já há dezessete anos. Isto não foi um conquista de arte-educadores brasileiros, mas uma criação ideológica de educadores norte-americanos que, sob um acordo oficial (Acordo MEC-USAID), reformularam a educação brasileira, estabelecendo em 1971 os objetivos e o currículo configurado na Lei 5.692 de Diretrizes e Bases da Educação.
>
> Esta lei estabeleceu uma educação tecnologicamente orientada que começou a profissionalizar a criança na sétima série, sendo a escola secundária completamente profissionalizante. Esta foi uma maneira de

proporcionar mão-de-obra barata para as companhias multinacionais que adquiriram grande poder no país sob o domínio da ditadura militar (1964-1983).

No currículo estabelecido em 1971, as Artes eram aparentemente a única matéria que poderia mostrar abertura em relação às humanidades e ao trabalho criativo, porque mesmo Filosofia e História foram eliminados.

Na Constituição de 1988, "as Artes" são mencionadas várias vezes ligadas à proteção de obras, liberdade de expressão e identidade nacional e, na seção sobre educação, artigo 206, parágrafo II, ela determina: "o ensino tomará lugar sobre os seguintes princípios...II – liberdade para aprender, pesquisar e disseminar pensamento, arte e conhecimento". Essa foi uma conquista significativa para o ensino da arte a para os arte-educadores.

Em 1996, a LDB 5694, no capítulo II, Seção I, artigo 26 no inciso 2, estabelece que "O ensino da arte constituirá componente curricular obrigatório, nos diversos níveis da educação básica, de forma a promover o desenvolvimento cultural dos alunos."

Entre 1997 e 1998, o Ministério da Educação lança, entre outros, o PCN de Arte para o Ensino Fundamental I e II. A Arte tem, a partir de então, um lugar na educação do Brasil.

Refletindo sob o desafio da formação nos cursos de graduação de Arte e sobre o ensino da mesma para essa nova etapa, Rizzoli (2005, p. 163) sugere:

> Assim, espera-se uma visível transformação nos paradigmas do ensino da Arte. A universidade deve assumir uma nova estrutura curricular que considere os métodos de criação artística contemporânea, no que se refere à disponibilidade estética e tecnológica, e que, na prática, consiga oferecer oportunidades profissionais. Espera-se uma nova graduação que seja mais ambiciosa do que o treinamento de virtuoses e habilidades manuais, distanciado da teoria, típico da Academias de Belas Artes, e menos ambiciosa do que as reflexões teóricas distanciadas da prática, típicas dos programas de pós-graduação, que consideram a Arte um possível objeto de estudo.

Capítulo VII

A Arte e a Matemática em Mondrian

A Arte e a Matemática em Mondrian e o século XXI

Vamos iniciar este final de capítulo fazendo algumas considerações sobre aproximações entre Arte e Matemática, computadores e a chamada Matemática Visual para, depois, relacionarmos esses fatores com a realidade escolar brasileira.

O matemático brasileiro Celso José da Costa, da Universidade Federal Fluminense, escreveu seu nome na história da Matemática e na Ciência ao descobrir, em 1982, uma das poucas superfícies mínimas conhecidas. Elas são superfícies tridimensionais que não têm linhas delimitadoras que fazem interseção entre si. Até essa data, as superfícies mínimas conhecidas eram a helicoide e a catenoide, descobertas por Leonhart Euler, em 1740, e Jean Baptiste Meusnier, em 1776.

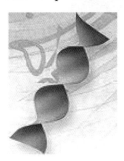

Helicoide　　　　Catenoide

Na linguagem matemática, estas são definidas como superfícies cuja curvatura média é identicamente nula e, de um modo mais simples, são superfícies em perfeito repouso de seus materiais. Celso da Costa afirma que "a helicoide é utilizada para representar o nosso DNA, pois estudos demonstraram que o nosso corpo possui várias moléculas aparentando superfícies mínimas".

O matemático estava no cinema assistindo a um filme sobre escola de samba quando visualizou um sambista desfilando com um chapéu de três abas, o qual lhe chamou a atenção. Nesse instante, teve a inspiração de como a figura geométrica de "superfície mínima" que ele buscava se apresentava no espaço. Ele pensou em chamá-la de "bailarina". Na época, Celso da Costa era aluno de doutorado do Instituto de Matemática Pura e Aplicada (IMPA) e deu a solução para a equação, mas só conseguiu fazer um rascunho da figura. Mais tarde, dois pesquisadores americanos obtiveram a forma exata da "bailarina" utilizando computadores de última geração; e a superfície acabou ganhando o nome de "superfície da Costa".

Celso José da Costa

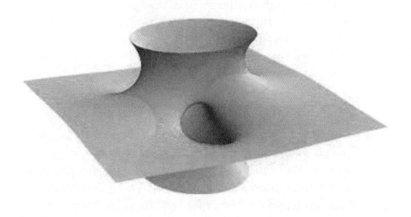

Superfície mínima de da Costa

Dizemos, então, que a figura de da Costa é um exemplo de Matemática Visual em que houve a aproximação entre a Arte e a Matemática, pois a representação da equação só foi possível graças à tecnologia dos computadores.

Um outro exemplo é o de Paulus Gerdes, professor de Universidade Pedagógica de Moçambique, pesquisador em Etnomatemática e diretor do Centro de Estudos Moçambicanos e de Etnociência (CEMEC). Nas suas pesquisas, Guerdes procura as bases históricas e epistemológicas da Matemática propondo inovações pedagógicas. Foi assim que, em 1986, toma contato com um livro sobre uma tradição quase extinta, os desenhos na areia do povo Cokwe do Nordeste de Angola. Este fato o levou a uma pesquisa intitulada, em Gerdes (2010), *Da Etnomatemática a arte-design e matrizes cíclicas*. Partindo dos desenhos chamados "sona" (singular: "lusona") chega às matrizes cíclicas. Esta criação trouxe a Gerdes, como ele mesmo denomina, um prazer artístico-matemático.

Paulus Gerdes

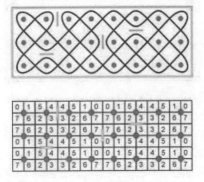

m=8, p=3, q=8

Lusona e a Matriz Cíclica

No artigo "A perfeição visível: Matemática e Arte", Emmer (2005, p. 5) trata das relações entre os matemáticos e a Arte e entre a Matemática e a Arte, considerando também o uso da informática na Arte e na Ciência. Reflete sobre o ponto de vista dos matemáticos a respeito da Matemática como processo de criação e sua relação com a Arte e, do ponto de vista de alguns historiadores e artistas, sobre a relação entre a Matemática e a Arte. Estuda o fenômeno da criação por parte dos matemáticos de novas formas visuais utilizando o grafismo eletrônico e, também, como estas formas têm influenciado os artistas, formas essas que podem ser chamadas de novas imagens matemáticas e artísticas.

Ele cita a exposição realizada em fevereiro de 1963, no Palácio da Descoberta – o templo da divulgação da Ciência na França –, cujo título era "Formas: matemáticas, pintores e escultores contemporâneos". Neste evento, a pintura e a escultura contemporânea e a Matemática se situavam no mesmo plano. Mondrian, Cézanne e Max Bill (1908-1994) estavam entre os pintores que tiveram suas obras expostas.

Max Bill (1950, p. 1), afirma, segundo Emmer que,

> [...] por enfoque matemático não se deve entender medidas e cálculos aplicados à Arte; o conceito não precisa ser tão restrito. Até hoje toda obra de arte tem tido em proporções variadas uma fundamentação matemática baseada em divisões e estruturas geométricas. Na Arte Moderna, os artistas também têm utilizado métodos reguladores baseados no cálculo, dado que estes elementos, junto aos de caráter mais pessoal e emocional, têm assegurado à obra de arte seu equilíbrio e harmonia.

Bill (1950, p. 1) comenta que:

> à exceção da perspectiva, os métodos utilizados pelo artista não mudavam desde o antigo Egito. A nova concepção deve atribuir-se a Kandinsky que, em 1912, postulou as premissas de uma Arte na qual a imaginação do artista seria substituída pelo pensamento matemático. Ele não deu esse passo, mas liberou os meios expressivos da pintura.[...] Mondrian deu o passo decisivo, separando-se do que até então se entendia por Arte. Seus ritmos poderão fazer-nos supor que nós falamos da presença objetos inventados. Não é casual que suas últimas obras *Broadway Boogie-Woogie* e *Victória Boogie-Woogie* sugeriam uma analogia com os ritmos do *jazz*. Sua construção ortogonal é sensorial, apesar da severidade dos princípios empregados.

Se acreditarmos que Mondrian, ao deixar de lado muitos elementos extra-artísticos, esgotou as últimas possibilidades da pintura, quer dizer, que chegou a um objetivo, ficariam abertos dois caminhos para a evolução da Arte no futuro: o retorno ao velho e conhecido ou a aproximação a uma nova temática. Acredito que se pode desenvolver de modo amplo uma Arte baseada em uma concepção matemática [...]

Voltando à fala de Emmer, depois de afirmar que Mondrian, mais que qualquer outro, afastou-se da concepção da Arte tradicional, tece comentários sobre as obras de Max Bill e M.S. Escher e a ligação que ambos fazem da Arte e da Matemática.

Depois, escreve sobre a importância do uso do computador como incremento para a Matemática Visual:

Nos últimos anos se tem produzido um notável incremento da utilização do computador em Matemática. Ele tem comportado não só o desenvolvimento de um setor da Matemática que podemos chamar de Matemática Visual, mas também um interesse renovado por parte dos artistas pela Matemática, pelas imagens matemáticas, que tem suscitado também por parte dos próprios matemáticos uma atenção renovada para os aspectos estéticos de algumas novas imagens científicas.

Como se tem dito, o principal instrumento deste novo modo de fazer Matemática, que não superou em absoluto o método tradicional, pois ele está simplesmente unindo o computador gráfico ao grafismo eletrônico. Não de trata simplesmente, como se poderia pensar, de fazer visível, visualizar fenômenos bem conhecidos mediante instrumentos gráficos, mas de utilizar estes instrumentos para fazer-se uma ideia de problemas abertos, sem resolução, na investigação matemática. O computador é um autêntico instrumento para experimentar e formular conjecturas. O que pode interessar aos que se dedicam à relação entre Arte e Ciência é o eixo de que esta utilização gráfica por parte dos matemáticos tem desenvolvido muito sua capacidade criativa no que se refere às imagens. Ele tem levado, por um lado, a fazer renascer com mais intensidade a ambição dos matemáticos serem considerados como artistas, e, por outro lado, o redescobrimento da Matemática pelos artistas (EMMER, 2005, p. 6)

Na sequência, ele comenta que foram criados grupos interdisciplinares em que matemáticos, artistas e peritos em computadores trabalham juntos. O grafismo eletrônico se transformará brevemente em uma possível linguagem unificadora entre Arte e Ciência. Vamos assistir a um novo renascimento.

Mondrian, Max Bill, Escher, da Costa e Paulus Gerdes entre outros, são representantes da aproximação entre Arte e Matemática ou a Matemática e Arte.

Max Bill atribuiu a Mondrian o passo decisivo do caminho que separou o que até então se entendia por Arte. O artista, talvez, não pudesse imaginar essa trajetória da Arte e da Matemática após sua morte, nem quando, segundo Elgar (1973), afirmou "que a pintura oferece ao artista um meio, tão exato como a Matemática, de interpretar os fatos essenciais da natureza". Ou então, fazendo um paralelo entre a abstração na Arte e na Ciência, quando, em 1920, escreveu no seu livro *Realidade Natural e Realidade Abstrata*:

> [...] deverá a beleza universal continuar a aparecer representada, em Arte, sob um forma velada ou oculta ao passo que, nas ciências, por exemplo, a tendência se dirige para a maior clareza possível? Por que motivo deverá a Arte continuar a seguir a natureza quando todos os outros campos a abandonaram? Por que não se manifesta a Arte como não natural ou como "outra" em relação à natureza?

Com a afirmação anterior, Mondrian deixa claro que seguiu esse caminho de modo pensado, expressando sua arte por meios das cores fundamentais e de conceitos matemáticos para, no seu entender, representar o seu entorno por meio da sua expressão interior que tentou captar a essência do representado.

Esses fatos ainda estão muito distantes de nossa realidade escolar, mas em função do que foi exposto no primeiro e neste capítulo, fica claro que a escola brasileira está começando a abrir as portas para a aproximação entre a Arte e a Matemática. Ela ainda não se sensibilizou sobre essa aproximação, mas isso é questão de um tempo não muito longo em nosso entender.

Vamos lembrar o fato de Euclides Roxo que, em 1937, propôs a aproximação entre Matemática e Arte. Passados muitos anos, em 1975, o matemático e professor Ubiratan D'Ambrósio criou a Etnomatemática que, segundo ele, situa-se em uma área de transição entre a antropologia cultural e a matemática institucional. No livro cujo título é *Etnomatemática, discutindo sobre valores no ensino da Matemática*, D'Ambrósio (2008, p. 10-21) coloca a seguinte questão: "Por que se ensina Matemática nas escolas com tal universalidade e intensidade?".

Ele justifica que a universalidade refere-se ao fato de ela ser ensinada em todos os países, e a intensidade dá-se pelo fato de ser ensinada, como no caso do Brasil, em todos os anos da educação básica. A resposta a essa pergunta é extensa. Em um de seus capítulos, ele afirma que se ensina também a Matemática por sua beleza intrínseca como construção lógica, formal, etc., dividindo essa parte da resposta em cinco itens: utilitário, cultural, formativo, sociológico e estético.

Ele, então, escreve:

> Consequentemente, resumindo tudo o que discutimos neste capítulo, teríamos necessidade de uma revisão curricular com a introdução de novas disciplinas e novos enfoques visando os valores correspondentes. Sintetizando o que mencionamos na discussão acima, na forma de um esquema, teremos blocos de disciplinas associados aos valores: [...]
>
> [...] 5. Estético:
>
> a) Geometria e aritmética do sagrado (místicas)
>
> b) Astronomia
>
> c) História da Arte

Nessa proposta, novamente é aberto um espaço para a aproximação entre a Matemática e a Arte.

Mais de vinte anos depois, em 1998, os PCN de Matemática trazem como um dos objetivos gerais para o ensino fundamental o "estabelecimento de conexões entre temas matemáticos de conhecimentos diferentes campos e, entre esses temas, conhecimentos de outras áreas curriculares". Esse objetivo estabelece que essas conexões sejam feitas com todas as áreas do conhecimento. Em 2008, o Sistema Nacional de Avaliação do Ensino Superior (SINAES), por meio do Exame Nacional de Desempenho de Estudantes (ENADE), do Ministério da Educação, na avaliação dos estudantes dos cursos de Pedagogia, apresentou uma das questões da prova envolvendo o objetivo acima citado.

A alternativa "B" da questão 26 é a correta e representa o objetivo mencionado anteriormente. Embora essa questão represente um avanço em vista de tudo o que foi exposto, a mesma

COLEÇÃO "TENDÊNCIAS EM EDUCAÇÃO MATEMÁTICA"

não foi proposta para os alunos dos cursos de Matemática que, em sua maioria, ainda não tem uma formação voltada para a aproximação entre Arte e Matemática. É curiosa também a escolha de telas de Mondrian para a questão.

Nos objetivos dos PCN de Arte, merece destaque aquele que diz "observar as relações entre Arte e realidade, refletindo, investigando, indagando, com interesse e curiosidade, exercitando a discussão, a sensibilidade, argumentando e apreciando a Arte de modo sensível." Essa é uma meta que permite a aproximação entre a Arte e a Matemática.

Ainda queremos lembrar que, cada vez mais, a imagem ocupa um lugar de destaque nas informações trazidas até nós. Aparece, sob várias formas, sendo um poderoso veículo de comunicação. Em oposição a isso, muitas vezes, no processo de ensino-aprendizagem das disciplinas escolares da educação básica, a imagem não é utilizada. Em particular, no ensino da Geometria em Matemática, só estão presentes, na maioria das vezes, a língua escrita e oral. No caso da Matemática, ainda há uma grande quantidade de simbologia a ser apresentada aos alunos para que possam compreender determinados tópicos de conteúdo.

Contextualizar, sempre que possível, os conteúdos contribui também para melhorar a qualidade desse processo em todas as disciplinas. Contextualizar deve ser entendido como "trazer situações significativas, que tenham relações com a vida para o aluno", e, de acordo com Pais (2005, p. 26),

> [...] existe uma diversidade de fontes de referências para o ensino da Matemática, tais como: problemas científicos, as técnicas, problemas, jogos e recreações vinculados ao cotidiano do aluno, além de problemas motivados por questões internas à própria Matemática. A princípio, todas essas fontes são legítimas para contextualizar a educação escolar e o indesejável é a redução do ensino a uma única fonte de referência, o que reduz o significado do conteúdo estudado. A noção de contextualização permite ao educador uma

postura crítica, priorizando os valores educativos, sem reduzir o seu aspecto científico.

O autor continua dizendo que "a contextualização do saber é uma das mais importantes noções pedagógicas que deve ocupar um lugar de maior destaque na análise didática contemporânea".

Proporemos, na sequência, alguns exemplos de atividades que envolvam ligações da Matemática com a Arte ou, se preferirmos, da Arte com a Matemática. O intuito é registrar maneiras de como fazer essa abordagem. A primeira atividade envolve Mondrian e os segmentos de reta; a segunda, o pintor Lasar Segall e os polígonos; a terceira, a artista Djanira e a perspectiva, a quarta atividade liga o arquiteto Oscar Niemayer e a simetria. Podemos ligar ainda o pintor Alfredo Volpi aos triângulos, Wassily Kandinsky ao elementos geométricos, Leonardo da Vinci ao número de ouro, entre outros.

ATIVIDADES:

1) Plano de Aula para aplicação de atividades sobre Arte e Matemática em Mondrian para os anos finais do ensino fundamental.

Plano de aula: Mondrian e os segmentos de reta

Anos: finais

Data: junho

Objetivos:

- ➢ reconhecer segmentos de reta na obra *Quadro 1*, 1921;
- ➢ identificar segmento de reta como parte de uma reta;
- ➢ traçar segmentos de reta em várias posições;
- ➢ medir segmentos de reta;
- ➢ fazer uma releitura da obra.

Desenvolvimento:

Dispondo os alunos em círculo, serão apresentados alguns dados da biografia de Mondrian e algumas de suas obras. O professor não fará comentários sobre a transição da obra do artista da fase figurativa para a não figurativa. Depois, pedirá para que os alunos observem a imagem da obra *Quadro 1*, de 1921 (que é apresentada na página 15), e anotem detalhes do que observaram. Em seguida, todos falarão sobre o que observaram na obra: as linhas retas, as cores, os ângulos etc. Então, o professor comentará que as linhas retas, como são chamadas no cotidiano, que aparecem na obra são chamadas, em Geometria, de segmentos de reta e que esses são parte de uma reta. Apresentará, posteriormente, a reta e mostrará que o segmento é parte dela. Em seguida, mostrará as posições vertical e horizontal e pedirá que eles tracem segmentos nessas posições e na posição diagonal e determinem suas medidas. Explicará que Mondrian não usava linha por motivos "filosóficos". O professor de Educação Artística explicará o motivo de tal fato e proporá uma releitura da obra em questão.

Recursos didáticos:

➢ caderno, régua, lápis e borracha;
➢ imagem da obra *Quadro 1*, de Mondrian.

Avaliação:

O professor observará o traçado dos segmentos, das suas medidas nas várias posições feitas pelos alunos.

Bibliografia:

DAICHER, Suzane. *Mondrian*. Trad. Maria Conceição Viera, Lisboa. Rio de Janeiro: Paisagem Distribuidora de Livros, [ca.2005].

2)Você é o artista(a)!

Lasar Segall (1891-1957)

Sua obra traz o mais fervoroso anseio por um mundo melhor.

Observe que Segall utilizou vários polígonos para fazer a obra *Paisagem brasileira*.

Paisagem brasileira, 1925

Você é o artista!
Utilizando polígonos como Segall, faça sua obra de Arte.

3) Djanira (1914-1979) é uma das principais pintoras brasileiras. Nasceu em Avaré, São Paulo. Pintou cenas populares, religiosas e paisagens. Aprecie sua pintura e determine o ponto de fuga da perspectiva usada.

Cafezal, 1952 – Djanira da Mota e Silva

4) Você é o(a) arquiteto(a)!

Esta foto é do Palácio da Alvorada, residência oficial do(a) Presidente da República, em Brasília.

Foi projetada pelo arquiteto Oscar Niemayer.

Observe que aparecem simetrias axiais em sua fachada

Palácio da Alvorada – Brasília/DF

A seguir está um desenho do Palácio da Alvorada sem a fachada. Desenhe, usando simetrias, uma nova fachada para o local.

A Arte e a Matemática em Mondrian e a Segunda Revolução Industrial

Nosso primeiro objetivo foi investigar os motivos da intencionalidade da aproximação entre a Arte e a Matemática em Mondrian. Durante nossos estudos, constatou-se que, na história da civilização, por razões sociais, políticas e econômicas, a Arte ocupou, em grande parte, um lugar de menor destaque em relação à Matemática e à Ciência em geral. Também se verificou que, na Idade Média, o conhecimento matemático quase se perdeu, e a Arte teve um papel ilustrativo em relação à ideologia da Igreja Católica.

Sem anacronismos, supomos que quase não houve interesse, até um passado recente, em dar acesso, principalmente às camadas populares, à Arte e à Matemática. Em determinados momentos históricos, houve a impressão de que isso não aconteceu em função de a sociedade da época não perceber, no nosso modo de ver, a importância de tal fato.

Ao voltarmos para a análise da utilização do legado de Mondrian dentro da escola brasileira, percebemos que não se deixou um espaço para sua introdução, em consequência do que foi apresentado neste trabalho e na reflexão do professor e matemático Nilson José Machado, que escreve em Perrenoud (2002, p. 138):

> A subversão das funções das disciplinas, com a transformação de meio em fim, é uma corrupção moderna da ideia original.

> De fato, é mais modernamente a partir da segunda metade do século XIX que o entusiasmo pelas Ciências Físicas e Naturais e seus frutos tecnológicos passou a sinalizar no sentido de que estudar ciência, fazer ciência constituiria um valor em si. Ocorre, então, um certo descolamento entre o conhecimento chamado científico (o que, rigorosamente, seria um pleonasmo vicioso) e o conhecimento em sentido amplo com a consequente superestimação de uma forma de conhecer a "científica". Aos poucos, o processo de fragmentação do conhecimento caminhou no sentido da fragmentação do conhecimento da própria ciência em múltiplas disciplinas e valorização do conhecimento disciplinar. E se a palavra "cientista" foi utilizada pela primeira vez na segunda metade do século XIX, associando-se a Da Vinci, Galileu, Newton, Leibniz ou a tantos outros estudiosos, a ideia de um conhecimento não fragmentado que não separa nitidamente a Arte da Filosofia, ou o corpo da Mente, a ideia da formação de especialistas em disciplinas como a Matemática e a Física, a Biologia, ou mesmo em disciplinas ou subdisciplinas no interior de cada uma dessas é, com certeza, muito mais recente.

> Há algumas décadas, porém, a escola organiza-se como se os objetivos da educação derivassem daqueles

que caracterizam o desenvolvimento das ciências, sendo estes decorrentes da busca do desenvolvimento das diversas disciplinas científicas. Estudamos matérias, conteúdos disciplinares, para chegar ao conhecimento científico, que garantiria uma boa educação formal; a formação pessoal decorreria daí naturalmente.

Então, nos dias atuais, o Neoplasticismo de Mondrian deve ser visto e mostrado, em nossa escola, como uma aproximação entre a Arte e a Matemática. Além disso, devemos pensar em outras possibilidades como Literatura e Matemática, Teatro e Matemática, Dança e Matemática e Música e Matemática, entre outras.

O desconhecimento dessas ligações possíveis, por grande parte dos professores de Matemática, não tem contribuído para o importante *religare* que deve ser feito com todos os conteúdos escolares para que nossos estudantes possam deixar a visão fragmentada do conhecimento. Outro fator importante é a contextualização do ensino da Geometria em Matemática por meio da Arte.

Por outro lado, algo que vem preocupando toda a sociedade brasileira são as classificações obtidas por estudantes brasileiros em recentes exames internacionais nas áreas de Leitura, Ciências Naturais e Matemática (ver <http://www.inep.gov.br/internacional/pisa e http://www.pisa.oecd.org>). Nosso país tem obtido as últimas posições na classificação geral. A permanência desses índices poderá comprometer o desenvolvimento do Brasil em setores como Pesquisa e Desenvolvimento Tecnológico, entre outros.

Várias providências devem ser tomadas para melhorar esses índices. Entre as mais urgentes, estão uma melhor distribuição de renda; a criação de um maior número de políticas públicas e educacionais, e que estas sejam eficazes; bem como a melhoria da formação, de condições de trabalho e salariais dos profissionais da educação. Também são necessárias sugestões na esfera pedagógica e acreditamos, para a melhoria do processo ensino-aprendizagem, que uma delas pode ser a aproximação da Arte com a Matemática.

Outra reflexão que podemos fazer e que talvez o mito da caverna e a interpretação errônea do título de cientista dado para Da Vinci e outros podem ter sido prejudiciais para a "parceria" entre Arte e Matemática ou entre Arte e Ciência; pois, nessa interpretação, a Arte teria um papel secundário em relação às Ciências Físicas e Naturais, e, consequentemente, aconteceu a supervalorização de uma em detrimento da outra.

O documentário da TV Escola (2003, *DVD* 1) tece alguns comentários. Segundo este, o homem, por intermédio da Arte e da Matemática, sempre buscou criar padrões para estabelecer a ordem no seu caos interior. A criação de mosaicos é um dos exemplos disto, pois eles criariam a sensação de organização e ordem. Faz-se necessário observar a natureza e aprender como ela tem sido a lei desde os tempos imemoriais. Cada elemento é único, mas todos são interligados como se viessem de uma mesma matriz.

Mais tarde, os gregos descobriram que quadrados, triângulos e hexágonos são os únicos polígonos que se complementam no preenchimento de um plano. Os árabes, de posse dessa informação, ampliaram esse conceito com a ideia de que, quando esses são colocados lado a lado, preenchendo todos os espaços vazios, formam um mosaico.

A pintura na caverna era um ritual de iniciação para o jovem e, talvez, o desenho nas paredes desse ao homem a ideia de poder e tranquilidade que ele tanto buscava. O homem sempre procurou descobrir as regularidades e as igualdades que serviam para diminuir sua angústia de tentar interpretar a realidade que o cercava. Os elementos geométricos na natureza eram sinais misteriosos que ele insistia em interpretar. Talvez essa ordem estivesse oculta e precisasse ser buscada, pois o homem admirava essa organização no caos estabelecido. A ideia de que do caos faz-se à ordem esteve sempre presente no pensamento humano.

A sistematização se fez observando as coisas e por meio de pensamentos mais abstratos que não estão ligados ao que se vê, mas que criam padrões que aparecem como consequências de técnicas criadas, como na fabricação de cestos pelos indígenas, em que os padrões criados estão ligados a animais, plantas ou mitologia e passam a ser formas materializadas de pensamento. Essas padronagens nas tribos indígenas, por exemplo, servem para inspirar rituais religiosos que se mantêm ligados à ordem criada pelos padrões geométricos.

Padronagens foram encontradas em ossos trabalhados pelo homem há aproximadamente 17.000 anos na França, nas cavernas de Lascaux. Eram marcas feitas em grupos de cinco, talvez para representar animais que foram caçados. O homem que habitava essa caverna talvez, percebendo que possuía cinco dedos (dígitos) em uma das mãos, usou esse padrão para buscar, organizar e representar algo importante para o seu cotidiano. A representação de quantidades, mais tarde, foi feita por meio de pedras (cálculos).

Outra descoberta foi a do osso chamado "Ishango". Ele é uma fíbula de babuíno com uma pedra de quartzo afiada incrustada em uma das pontas. Contém marcações que o classificam como a mais antiga evidência do mundo da "Matemática e Arte". Foi achado na República do Congo, próximo a Uganda, e possui aproximadamente 20.000 anos de idade.

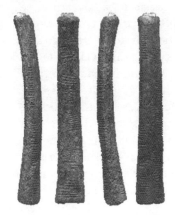

Ishango
Museu Belga de Ciências Naturais

Contar e desenhar tornou possível ao homem representar, em seu mundo, um pouco da ordem que ele percebia na natureza e era possível, portanto, o planejar. A Arte e a Matemática nasceram juntas como tentativas humanas de estabelecer a ordem no caos existente.

O homem paleolítico, ou homem da pedra lascada, fabricava utensílios de pedra lascada e madeira. Viveu aproximadamente de dois milhões de anos até a primeira utilização de utensílios pelo homem, por volta de dez mil anos atrás, quando se inicia a Revolução Neolítica, período em que o homem neolítico, ou homem da pedra polida, começa a domesticar animais e iniciar os trabalhos agrícolas.

Os registros da Arte Paleolítica mostram pinturas figurativas em cavernas representando animais ou cenas de caça. Na Arte Neolítica, são criados objetos decorados, pequenas estátuas entre outros. Nesse período, os padrões geométricos começam a aparecer mostrando uma abstração da forma.

Read (1957, p. 53), citando Max Raphael, afirma:

> Os princípios da cerâmica surgiram da necessidade, e os princípios de sua ornamentação surgiram das matemáticas, no sentido de que houve uma vontade para a abstração, quer dizer, se queria conseguir uma certa separação da qualidade física do objeto, extrair e destilar do amorfo algo simples, limitado, fixo, resistente e universalmente válido. O artista neolítico queria um mundo de formas que não representassem as atividades, os acontecimentos passageiros mutáveis...e sim as relações dos homens entre si e com o cosmos dentro de um sistema imutável. A intenção não era suprimir o conteúdo da vida, mas dominá--lo, obrigá-lo a submeter-se o seu domínio físico ao poder da vontade criadora, ao impulso humano de manipular e remodelar seu mundo.

Pignatari (2004, p. 107), analisando a opinião de Max Raphael, coloca:

> A fixação à terra e o seu cultivo são marcas características do Neolítico, juntamente com entrelaçar e o tecer fibras vegetais para a produção de esteiras e cestos. Se,

por ventura, inicialmente, certas fibras, mais flexíveis, podem ter permitido desenhos referenciais a elementos naturais (animais, como serpentes, cursos d'água, etc.), logo o emprego de materiais mais resistentes criou um padrão reticular e ortogonal, ao qual teve de submeter-se à representação de elementos naturais. Essa tecelagem se constitui no primeiro *design*, ou, melhor, no primeiro *metadesign*, nisto que instaura um princípio de ordem geométrica visando à construção sistemática do mundo dos objetos.

Seguindo essa reflexão, Pignatari (2004, p. 115) faz um paralelo desse período histórico com o período em que Mondrian desenvolveu sua obra, escrevendo que:

Mondrian pintou as pinturas murais das cavernas da Primeira Revolução, de natureza mecânica ("Paleolítico"), anunciando, ao mesmo tempo, as pinturas murais das cavernas da Segunda Revolução Industrial, de natureza eletroeletrônica ("Neolítico") [...]

Portanto, Mondrian é o precursor na Idade Contemporânea da união entre a Arte e a Matemática, e um dos precursores da Matemática Visual, pois, como foi citado anteriormente, nos últimos anos o uso do computador em Matemática produzindo imagens tem contribuído para um interesse recíproco entre artistas e matemáticos. O trabalho de Mondrian foi um dos primeiros, senão o primeiro, a caminhar nesse sentido. O século XX, segundo Hobsbawm, seria o século dos matemáticos, e ele foi um século de grandes conquistas e de muitas incertezas. Que no século XXI a Arte possa se unir não só a Matemática, mas a todas as outras ciências para juntas ajudarem a pintar um quadro do qual, contrariando Hobsbawm, a escuridão não faça parte.

E aí está um caminho para que juntos os educadores matemáticos e os educadores em geral possam nesses dias em que vivemos contribuir para uma ressignificação do ensino-aprendizagem da Matemática e de todas as áreas do conhecimento, utilizando a fantasia da Arte e sua magia em prol de um formação sólida para nossos alunos. Um formação holística que os sensibilize a perceber que, fundamentalmente, fazer Matemática, Poesia, Música, Pintura, Medicina, Culinária, Escultura entre tantos fazeres é fazer Arte. E que esses fazeres possam estar imbuídos do grande objetivo da Educação que é de humanizar os homens.

Cronologia de Mondrian

1872 – nasce a 7 de março em Amersfoort, Holanda.

1889 – conclui o curso de professor de Desenho para a escola primária e, três anos depois, para a secundária.

1892 – em novembro, muda-se para Amsterdã; inscreve-se na Academia de Belas-Artes; vive

algum tempo com os irmãos Carel e Luís no subúrbio de Watergraafsmeer; estuda Teosofia.

1904 – estabelece-se em Uden, na região de Brabante.

1911 – vai para Paris, onde entra em contato com os cubistas.

1914 – volta à Holanda e ali permanece durante toda a guerra.

1915 – conhece o arquiteto e artista Theo van Doesburg e depois o pintor Bart van der Leck, cuja "técnica exata" o influencia.

1917 – surge *De Stijl*, onde publica vários ensaios sobre o abstrativismo puro; sete anos depois, corta relações com Doesburg, divergindo de sua orientação à revista.

1920 – publica em Paris seu livro *O Neoplasticismo*.

1930 – mundialmente famoso, integra o grupo Cercle et Carré.

1938 – em setembro, próxima a guerra, refugia-se em Londres.

1940 – instala-se em Nova York, protegido pelo colecionador Harry Holtzman.

1942 – primeira exposição individual, realizada na Galeria Valentin Dudensing.

1944 – falece no Hospital Murray de Nova York, em consequência de pneumonia, a 1º de Fevereiro

Referências

AABOE, Asger. *Episódios da História Antiga da Matemática*. Trad. João Bosco Pitombeira de Carvalho. Rio de Janeiro: SBM, 1984. (Fundamentos da Matemática Elementar)

ALCÂNTARA, Silvia Dias *et al*. *Educação Matemática*: uma introdução. São Paulo: EDUC, 1999.

ÁLGEBRA ELEMENTAR. Coleção F.T.D. São Paulo: Francisco Alves, 1938.

ARGAN, Giulio Carlo. *Arte Moderna*. Trad. Denise Bottmann e Frederico Carotti. São Paulo: Companhia das Letras, 2002.

ARNHOLDT, Henrique. *Mestres da Pintura Mondrian*. São Paulo: Abril Cultural, 1978.

BAGNO, Marcos. *Pesquisa na Escola*. São Paulo: Loyola, 1999.

BARBOSA, Ana Mae. *A imagem da Arte*. São Paulo: Perspectiva, 2001.

BARKER, Stephen F. *Filosofia da Matemática*. Rio de Janeiro: Zahar Editores, 1976.

BAUMGART, John K. *Tópicos de história da Matemática para uso em sala de aula: álgebra*. Trad. Higino H. Domingues. São Paulo: Atual, 1992.

BECKER, Oskar. *O pensamento matemático*. São Paulo: Herder, 1965.

BICUDO, Maria Aparecida Viggiani; GARNICA, Antonio Vicente Marafioti. *Filosofia da Educação Matemática*. Coleção Tendências em Educação Matemática. Belo Horizonte: Autêntica, 2011.

BOIS, Yve-Alan *et al. Piet Mondrian.* Milan: Leonardo Arte, 1994.

BOYER, Carl Benjamin. *História da Matemática.* Trad. Elza Gomide. São Paulo: Edgard Blücher, 1974.

BRASIL. Ministério da Educação e Cultura. *Parâmetros Curriculares Nacionais:* Matemática. V. 3. 1ª à 4ª série, 1997.

BRASIL. Ministério da Educação e Cultura. *Parâmetros Curriculares Nacionais:* Arte. 5ª à 8ª série, 1998.

BRASIL. Ministério da Educação e Cultura. *Parâmetros Curriculares Nacionais:* Matemática. 5ª à 8ª série, 1998.

BRASIL. Ministério da Educação e Cultura. *Salto para o Futuro, Educação do Olhar.* V. 1;2. Brasília, 1998. (Série de Estudos /Educação a Distância)

BRASIL. Ministério da Educação e Cultura. SINAES – Sistema Nacional de Avaliação do Ensino Superior: ENADE – Exame Nacional de Desempenho de Estudantes – Pedagogia, 2008.

BRASLAVSKY, Cecília *et al. Aprender a viver juntos:* educação para a diversidade. Trad. José Ferreira. Brasília: UNESCO, ANO?

BRITO, Ronaldo. *Neoconcretismo.* São Paulo: Cosac & Naify, 2002.

BRUN, Jean. *O neoplatonismo.* Trad. José Freire Colaço. Lisboa: Edições 70, 1991.

CARAÇA, Bento de Jesus. *Conceitos Fundamentais da Matemática.* Lisboa: s.i., 1975.

CASTAGNOLA, Luís; PADOVANI, Umberto. *História da Filosofia.* São Paulo: Melhoramentos, 1972.

CASTRO, Francisco Mendes de Oliveira. *A Matemática no Brasil.* Campinas: Unicamp, 1992.

CAUQUELIN, Anne. *Teorias da Arte.* Trad. Rejane Janowitzer. São Paulo: Martins Fontes, 2005.

CHAUI, Marilena *et al. Primeira Filosofia:* lições introdutórias. São Paulo: Brasiliense, 1986.

CHIPP, Herschel Browning. *Teorias da Arte.* Trad. Waltensir Dutra *et al.* São Paulo: Martins Fontes, 1988.

CORTELLA. Mario Sergio. *A escola e o conhecimento.* São Paulo: Cortez: Instituto Paulo Freire, 1998.

Referências

COTRIM, CECILIA e FERREIRA, Glória. *Escritos de artistas:* anos 60/70. Rio de Janeiro: Jorge Zahar, 2006.

DAICHER, Suzane. *Mondrian.* Trad. Maria Conceição Viera Lisboa. Rio de Janeiro: Paisagem Distribuidora de Livros, 2005.

D'AMBROSIO, Ubiratan. *Da realidade à ação:* reflexões sobre Educação "e" Matemática. São Paulo: Summus Editorial, 1986.

D'AMBROSIO, Ubiratan. *Etnomatemática.* São Paulo: Ática, 1990.

D'AMBROSIO, Ubiratan. *Uma história concisa da Matemática no Brasil.* São Paulo: Vozes, 2008.

D'AMBROSIO, Ubiratan. *Educação Matemática:* da teoria à prática. Campinas: Papirus, 2008.

D'AMBROSIO, Ubiratan. *Etnomatemática:* elo entre as tradições e a modernidade. Coleção Tendências em Educação Matemática. Belo Horizonte: Autêntica, 2001.

D'AMORE, Bruno. *Epistemologia e didática da Matemática.* Trad. Maria Cristina Bonomi Barufi. São Paulo: Escrituras, 2005. (Ensaios Transversais)

D'AQUINO, Flávio. *Artes Plásticas/I.* Biblioteca Educação e Cultura MEC-FENAME. Rio de Janeiro: Bloch-FENAME, 1980.

DAVIS, Philip J., HERSH, Reuben. *A experiência matemática.* Trad. João Bosco Pitombeira. Rio de Janeiro: Francisco Alves, 1989.

DELACHET, André. *A Geometria Contemporânea.* Trad. Gita K. Ghinzberg. São Paulo: Difusão Europeia do Livro, 1962. (Saber Atual)

DELORS, Jacques *et al. Educação*: um tesouro a descobrir. São Paulo: Cortez, 2003.

DEVLIN, Keith. *O gene da Matemática.* São Paulo: Record, 2004.

DIEUDONNÉ, Jean. *A formação da Matemática Contemporânea.* Trad. J. H. von Hafe Perez. Lisboa: Dom Quixote, 1990.

DOESBURG, Theo Van. *Principios del nuevo arte plástico y otros escritos.* Trad. Charo Crego. Colección de Arquilectura, 18. Murcia: Colegio oficial del aparejadores técnicos de Murcia, 1985.

DROSTE, Magdalena, *Bauhaus.* Trad. Casa das Línguas. Berlim: Taschen, 2004.

DURANT, Will. *A história da Filosofia.* Trad. Luiz Carlos do Nascimento Silva. São Paulo: Nova Cultural, 2000.

DUSSEL, Inês; CARUSO, Marcel. *A invenção da sala de aula*: uma genealogia das formas de ensinar. São Paulo: Moderna, 2002.

EAGLETON, Terry. *A ideologia da estética*. Trad. Mauro Sá Rego Costa. Rio de Janeiro: Jorge Zahar, 1993.

ELGAR, Frank. *Mondrian*. Trad. Maria Emília Moura. Lisboa: Editorial Verbo, 1973. (Grandes artistas)

EVES, Howard. *História da Matemática para uso em sala de aula* – Geometria. Trad. Higino H. Domingues. São Paulo: Atual, 1992.

FALCON, Francisco José Calazans. *Iluminismo*. São Paulo, Ática, 1989. (Princípios)

FRAGA, Maria Lucia. *A Matemática na escola primária*: uma observação do cotidiano. São Paulo: E.P.U., 1988. (Temas básicos de educação e ensino)

FRANCHI, Ana *et al*. *Educação matemática, uma introdução*. São Paulo: EDUC, 1999.

FILHO, Dirceu Zaleski. *Sistema Sigma de Ensino*. 7º ano – Ensino Fundamental – 2º bimestre – Matemática. São Paulo: Suplegraf, 2005.

FREIRE, Paulo. *Pedagogia da Autonomia*: saberes necessários à prática educativa. Rio de Janeiro: Paz e Terra, 2007.

GERDES, Paulus. *Da etnomatemática a arte-design e matrizes cíclicas.* Coleção Tendências em Educação Matemática. Belo Horizonte. Autêntica, 2010

GHIRALDELLI JUNIOR, Paulo. *O que é Pedagogia*. São Paulo: Brasiliense,1987.

GOMBRICH, Ernst Hans. *A história da Arte*. Trad. Álvaro Cabral. São Paulo: LTC, 1995.

GOMBRICH, Ernst Hans. *Meditações sobre um cavalinho de pau*. Trad. Geraldo Gerson de Souza. São Paulo: Edusp, 1999.

GOODING, Mel. *Arte abstrata*. Trad. Otacílio Nunes e Valter Ponte. São Paulo: Cosac & Naify, 2004. (Movimentos da Arte Moderna)

HEIDEGGER, Martin. *Conferências e escritos filosóficos*. Trad. Ernildo Stein. São Paulo: Nova Cultural, 1999. (Os pensadores)

HEGEL, Georg Wilhelm Friedrich. *Estética, a ideia e o ideal*. Trad. Orlando Vitorino. São Paulo: Nova Cultural, 1999. (Os pensadores)

Referências

HERNÁNDEZ, Fernando. *Cultura visual, mudança educativa e projeto de trabalho.* Porto Alegre: Artmed, 2000.

HERNÁNDEZ, Jésus *et al. La Enseñanza de las matemáticas modernas.* Madri; Alianza Editorial, 1986.

HOBSBAWM, Eric J. *A era dos impérios:* 1875 – 1914. São Paulo: Paz e Terra, 1996.

HOBSBAWM, Eric J. *A era dos extremos:* o breve século XX 1914 – 1991. São Paulo: Companhia das Letras, 2008.

HOGBEN, Lancelot. *Maravilhas da Matemática.* Trad. Paulo Moreira da Silva, Roberto Bins e Henrique Carlos Pfeifer. Porto Alegre: Globo, 1970.

H.L.C. Jaffé. *De Stijl 1917-1931. The Dutch Contribution to Modern Art.* J.M. Amsterdam: Meulenhoff, 1956.

KANT, Immanuel. *Crítica da razão pura.* Trad. Valério Rohden e Udo Baldur Moosburger. São Paulo: Nova Cultural, 1999. (Os pensadores)

KARLSON, Paul. *A magia dos números.* Trad. Henrique Carlos Pfeifer. Porto Alegre: Globo, 1961.

KLINE, Morris. *O fracasso da Matemática Moderna.* Trad. Leonidas Gontijo de Carvalho. São Paulo: Ibrasa, 1976.

KOSHIBA, *Luiz. História:* origens, estruturas e processos. São Paulo: Atual, 2000.

KÖRNER, Stephan. *A filosofia da Matemática.* Trad. Paulo Ferraz de Mesquita. [S.I.: s.n, 196?].

LAKATOS, Imre. *A lógica do descobrimento matemático:* provas e refutações. Trad. Nathanael C. Caixeiro. Rio de Janeiro: Zahar, 1978.

LAKATOS, Eva Maria; MARCONI, Maria de Andrade. *Metodologia científica.* São Paulo: Atlas, 1989.

LAUAND, Luiz Jean. *Educação, Teatro e Matemática Medievais.* Trad. Ruy Nunes. São Paulo: Perspectiva, 1986.

LAWLOR, R. *Geometria sagrada.* Trad. Maria José Garcia Ripoll. Madrid: Del Prado, 1996.

LORENZ, Paul. *Metamatemática.* Madri: Editorial Tecnos, 1971.

LUNA, S.V. *Planejamento de pesquisa uma introdução.* São Paulo: EDUC PUC-SP, 2005.

MACHADO, Nilson José. *Matemática e realidade*. São Paulo: Cortez, 1987.

MACHADO, Nilson José. *Noções de cálculo*. V. 9. São Paulo: Scipione, 1988. (Matemática por assunto)

MACHADO, Nilson José. *Matemática e educação*: alegorias, tecnologias e temas afins. Volume 2. São Paulo: Cortez, 1992. (Questões da nossa época)

MACHADO, Nilson José; CUNHA, Marisa Ortegoza da. *Linguagem, conhecimento, ação*: ensaios de epistemologia e didática. São Paulo: Escrituras, 2002. (Ensaios transversais)

MAGEE, Bryan. *As ideias de Popper*. São Paulo: Cultrix, 1979. (Mestres da modernidade)

MAMOME, Marco *et al*. *A construção da imagem científica do homem*. Trad. Luisa Rabolini e Jenner Barreto Bastos Filho. São Leopoldo: Unisinos, 2002. (Ideias)

MARCÍLIO, Maria Luiza. *História da escola em São Paulo e no Brasil*. São Paulo: Imprensa Oficial, 2005.

MARTINI, Antonio *et al*. *O humano, lugar do sagrado*. São Paulo: Olho d' Água, 1996.

MENEZES, Paulo. *A trama das imagens*. São Paulo: Edusp, 1997.

MIGUEL, Antonio; MIORIM, Maria Ângela. O Ensino de Matemática. São Paulo: Atual, 1986.

MONDRIAN, Piet. *Arte Plastico y arte plastico puro*. Trad. Raul R. Rivarola y Aníbal C. Goñi. Buenos Aires: Editorial Vitor Leru, 1957.

MONDRIAN, Piet. *Realidad Natural e realidad abstracta*. Trad. Barcelona: Barral editores, 1973.

MONDRIAN, Piet. *La nueva imagen en la pintura*.: Alice Pells. Ed. 9. Madrid: Colegio oficial del aparejadores técnicos de Madrid, 1983. (Colección de Arquitectura)

MONDRIAN, Piet. *Neoplasticismo na pintura e na arquitetura*. Trad. João Carlos Pijnappel. São Paulo: Cosac & Naify , 2008.

MONDRIAN, Piet. *Scriti scelti*. Treviso: Linea d`ombra Libri, 2006.

MONDRIAN, Piet. *Óleos, Acuarelas y dibujos*. Madri: Fundación Juan March, 1982.

Referências

MONGELLI, L. M. (Org.). *Trivium e Quadrivium*: as artes liberais na Idade Média. Cotia: Íbis, 1999.

MOREIRA, Marco Antonio. *Aprendizagem significativa*. Brasília: UNB, 1999. (Permanente de professores)

MOREIRA, Plínio Cavalcanti; DAVID, Maria Manuela M. S. *A formação matemática do professor*. Belo Horizonte: Autêntica, 2005. (Tendências em educação matemática)

MORIN, Edgar. *Os sete saberes necessários á educação do futuro*. São Paulo: Cortez, 1999.

NUNES, César Aparecido. *Aprendendo Filosofia*. Campinas: Papirus, 1993.

NUNES, Benedito. *Introdução à Filosofia da Arte*. São Paulo: Ática, 2006.

OTTE, Michael. *O formal, o social e o subjetivo* – uma introdução à Filosofia e à Didática da Matemática. Trad. Raul Fernando Neto *et al*. São Paulo: Unesp, 1993.

PADILHA, Paulo Roberto. *Planejamento dialógico*. São Paulo: Cortez, 2001.

PAIS, Luiz Carlos. *Didática da Matemática*: uma análise da influência francesa. Coleção Tendências em Educação Matemática. Belo Horizonte: Autêntica, 2005.

PENNICK. Nigel. *Geometria sagrada*. Trad. Alberto Feltre. São Paulo, 1987.

PEREZ, Izilda Lozano. *Formando professores*: o diálogo teoria e prática na educação básica. São Paulo: Casa do novo autor, 2005.

PERRENOUD, Philippe *et al*. *As competências para ensinar no século XXI*: a formação dos professores e o desafio da avaliação. Trad. Cláudia Schiling e Fátima Murad. Porto Alegre: Artmed, 2002.

PERRENOUD, Philippe *et al*. *A prática reflexiva no ofício de professor*. Porto Alegre: Artmed, 2002.

PERRENOUD, Philippe *et al*. *As competências para ensinar no século XXI*. Porto Alegre: Artmed, 2002.

PIAGET, Jean; GARCIA, Rolando. *Psicogênese e História das Ciências*. Trad. Maria Fernanda de Moura Jesuíno. Lisboa: Dom Quixote, 1987.

PIGNATARI, Décio. *Semiótica da Arte e da Arquitetura*. Cotia: Ateliê Editorial, 2004.

PLATÃO. *A república*. Trad. Enrico Corvisieri. São Paulo: Nova cultural, 2000. (Os pensadores)

PLATÃO. *Diálogos*. São Paulo: Nova cultural, 2000. (Os pensadores)

PLOTINO. *Tratados das Enéadas*. Trad. Américo Sommerman. São Paulo: Polar, 2000.

PONTE, João Pedro *et al*. *Investigações matemáticas na sala de aula*. Belo Horizonte: Autêntica, 2005. (Tendências em educação matemática)

QUEYSANNE, M.; DELACHET, A. *A Álgebra Moderna*. Trad. Gita K. Ghinzberg. São Paulo: Difusão Europeia do Livro, 1956. (Saber atual, 36)

REIS, Aarão; REIS Lucano. *Curso elementar de Matemática*: aritmética. Rio de Janeiro: Francisco Alves, [ca. 1895]

RIZOLLI, Marcos. *Artista cultura linguagem*. Campinas: Akademika, 2005.

ROBERT, François. Os termos filosóficos. V. 1 e 2. Trad. Pedro Vidal. Sintra: Europa América, 1989.

ROBINSON, Dave e GROVES, Judy. *Filosofia para todos*. Barcelona: Paídos, 2005.

ROMANELLI, Otaíza de Oliveira. *História da Educação no Brasil*. Petrópolis: Vozes, 2001.

ROXO, Euclides. *A Matemática na educação secundária*. São Paulo: Nacional, 1937.

SANGIORGI, Osvaldo. *Matemática*: curso moderno. V. 3. Ed. 5. São Paulo: Companhia Editora Nacional, 1968.

SANTOS, J.F. *O que é pós-moderno*. São Paulo: Brasiliense, 1986.

SEUPHOR, Michel. *Piet Mondrian Life and Work*. New York: Harry N. Abrams, Incorporated., [19--].

SEUPHOR, Michel. *Mondrian paintings*. New York: Tudor, 1958.

SILVA, Circe Mary da Silva. *A Matemática Positivista e sua difusão no Brasil*. São Paulo: Vitória, 1999.

SILVA, Clóvis Pereira da. *Matemática no Brasil*: História de seu desenvolvimento. São Paulo: Edgar Blücher, 1999.

Referências

SILVA, Jairo José da. *Filosofias da Matemática*. São Paulo: Unesp, 2007.

SILVA, Sonia A. Ignácio. *Filosofia Moderna*: uma introdução. São Paulo: EDUC, 2003.

SCHAPIRO, Meyer. *Mondrian*. São Paulo: Cosac & Naify, 2001.

SCHILLER, Friedrich. *Cartas sobre a educação estética da humanidade*. Trad. Roberto Schwarz. São Paulo: E.P.U, 1992.

SCHILLER, Friedrich. *Kallias ou sobre a beleza*. Trad. Ricardo Barbosa. São Paulo: Jorge Zahar, 2002.

SCHUBRING, Gert. *Análise histórica de livros de Matemática*: notas de aula. Trad. Maria Laura Magalhães Gomes. Campinas: Editores Associados, 2003.

SPINOZA, Baruch de Spinoza. *Ética demonstrada à maneira dos Geômetras*. Trad. Jean Melville. São Paulo: Martin Claret, 2002.

STANGOS, Nikos. *Conceitos de Arte Moderna*. Trad. Álvaro Cabral. Rio de Janeiro: Jorge Zahar, 2000.

STRATHERN, Paul. *Descartes*. Trad. Maria Helena Geordane. Rio de Janeiro: Jorge Zahar Editor, 1997.

STRATHERN, Paul. *Pitágoras e seu teorema*. Trad. Marcus Penchel. Rio de Janeiro: Jorge Zahar Editor, 1998.

STRATHERN, Paul. *Hegel*. Trad. Maria Helena Geordane. Rio de Janeiro: Jorge Zahar Editor, 1998.

STRATHERN, Paul. *Kant*. Trad. Maria Helena Geordane. Rio de Janeiro: Jorge Zahar Editor, 1997.

STRATHERN, Paul. *Spinoza*. Trad. Marcus Penchel. Rio de Janeiro: Jorge Zahar Editor, 2000.

STRATHERN, Paul. *São Tomás de Aquino*. Trad. Marcus Penchel. Rio de Janeiro: Jorge Zahar Editor, 1999.

TAHAN, Malba. *O homem que calculava*. Rio de Janeiro: A.B.C., 1938.

TATON, René. *História geral das Ciências*: o renascimento. Tomo II, 1º volume. Trad. Gita K. Ghinzberg *et al*. São Paulo: Difusão Europeia do Livro, 1960.

TELES, Gilberto Mendonça. *Vanguarda europeia e modernismo brasileiro*. Petrópolis: Vozes, 2002.

VALENTE, Wagner Rodrigues. *O nascimento da Matemática do ginásio.* São Paulo: ANNABLUME, 2004.

VALENTE, Wagner Rodrigues. *Uma história da Matemática escolar no Brasil.* São Paulo: ANNABLUME, 2002.

VIEIRA, Jorge de Albuquerque. *Teoria do conhecimento e Arte.* Fortaleza: Expressão Gráfica, 2006.

VYGOTSKY, L.S. *A formação social da mente.* São Paulo: Martins Fontes, 1984.

ZAMBONI, Silvio. *A pesquisa em Arte*: um paralelo entre Arte e Ciência. Campinas: Autores Associados, 2001. (Polêmicas do nosso tempo)

WERTHEIN, Jorge e DA CUNHA, Célio. *Fundamentos da nova educação.* Cadernos UNESCO BRASIL. Brasília: UNESCO, 2000. (Educação, 5)

WHITE, Michael. *De Stijl and Dutch modernism.* London. Manchester University Press, 2003.

Vídeos

DISNEY, Walt. *Fábulas*: Donald no País da Matemágica. V.3. Manaus: Disney DVD, [ca.2005].

TV ESCOLA. *Arte e Matemática.* São Paulo: Cultura Marcas, 2003.

MONDRIAN, Piet. *A Journey Through Modern Art.* UnterEumel, 2007. Disponível em: http://video.google.com/videosearch?q=mondrian&emb=0&aq=f#. Acesso em 15 jun. 2009.

Revistas e coleções

ARQUIVOS SECRETOS: revista sobre Teosofia. V. 6. São Paulo: Mythos Editora, 2008.

BERGAMINI, D. *As matemáticas.* Biblioteca Científica LIFE. Rio de Janeiro: José Olympio, 1964.

BISHOP, A. Por uma educação matemática fundada em uma abordagem cultural. *Rev. Presença Pedagógica*, Belo Horizonte: Dimensão, 2006.

Referências

CADERNOS CEDES 40. *História e Educação Matemática*. Campinas: Papirus, 1996.

CENTRO UNIVERSITÁRIO NOVE DE JULHO (Uninove). *Periódico Dialogia*. Entrevista com o professor Ubiratan D'Ambrosio. V.6, 2007.

COLEÇÃO DE ARTE. *Mondrian e a pintura abstrata*. São Paulo: Globo, 1997.

CUADERNOS DE CRÍTICA ARTISTICA. Ver y estimar. Número 17. Buenos Aires, 1950.

DISNEY, Walt. *Almanaque Tio Patinhas*: Donald na Matemágicalândia. São Paulo: Abril, 1967.

COLEÇÃO FOLHA. *Grandes mestres da Pintura*. Folha de S. Paulo. Trad. Martin Ernesto Russo. Barueri: Editorial Sol, 2007.

GÊNIOS DA PINTURA. *Pintores Modernos* – Mondrian. São Paulo: Abril, 1980.

MATTHEW, Donald. A Europa Medieval: raízes da cultura moderna. V. 2. *Coleção Grandes impérios e civilizações*. Madri: Edições Del Prado, 1996.

MEMORIAL DO IMIGRANTE/MUSEU DO IMIGRANTE. *Séries resumos*. Número 1. Governo do Estado de São Paulo. São Paulo, 2006.

SCIENTIFIC AMERICAN: revista sobre Etnomatemática. Edição especial, v..11. São Paulo: Duetto, [ca.2006].

SCIENTIFIC AMERICAN: revista sobre a Vanguarda Matemática. Edição especial, v.12. São Paulo: Duetto, [ca.2006].

SCIENTIFIC AMERICAN: revista sobre as diferentes faces do infinito. Edição especial, v.15. São Paulo: Duetto. [ca.2006].

Internet

ALVES, Maira Leandra. *Muito além do olhar:* um enlace da Matemática com a Arte. 2007. Dissertação (Mestrado em Educação em Ciências e Matemática) – Pontifícia Universidade Católica do Rio Grande do Sul, Porto Alegre, 40, 2007. Disponível em: <http://tede.pucrs.brtde_busca/arquivo.php?codArquivo=963>. Acesso em: 6 jun. 2008.

ARTE E MATEMÁTICA NA ESCOLA. Disponível em: <http://www.tvebrasil.com.br/salto/boletins2002/ame/ameimp.htm>. Acesso em 28 jun. 2008.

BLAVATSKY, Helena Petrovna. Artigo publicado no primeiro número de *The Theosophist* (outubro de 1879). Disponível em: <http://www.saothomedasletras.net/zen/adteosofia.asp>. Acesso em 12 nov. 2008.

BORGES, Rosimeire Aparecida Soares Borges. *A Matemática Moderna no Brasil*: As primeiras experiências e propostas de seu ensino (2005). Disponível em: <http://www.sapientia.pucsp.br//tde_busca/arquivo.php?codArquivo=4518>. Acesso em 15 jun. 2008.

CADERNOS DE PESQUISA INTERDISCIPLINAR EM CIÊNCIAS HUMANAS. O sonho abstrato, a arte geométrica na modernidade. Disponível em: <http://www.cfh.ufsc.br/~dich/TextoCaderno83.pdf>. Acesso em: 21 jan. 2009.

EMMER, Michel. *La perfección visible*: matemática y arte. Universitat Oberta de Catalunya: Artnodes, Julio 2005. Disponível em: <http://www.uoc.edu/artnodes/esp/art/emmer0505.pdf>. Acesso em 1º maio 2009.

IDEOLOGIAS DA FORMA. Entrevista com Yves-Alain Bois. Novos estudos 76 – nov. 2006. Disponível em: <http://www.cebrap.org.br/imagens/Arquivos/ideologias_da_forma.pdf>. Acesso em 13 dez. 2008.

LEITÃO, Gustavo. *Superfície "bailarina"*: Escola de samba inspira matemático brasileiro a dar forma em 3D a equação. Disponível em: <http://ensino.univates.br/~chaet/Olimpiadas/infmat03.htm>. Acesso em 1º maio 2009.

MAHONEY Michael S. *Drawing Mechanics*. Disponível em: http://www.princeton.edu/~hos/Mahoney/articles/drawing/mpi-final.end.html. Acesso em 10 jan. 2013.

MARINO, Paulo Bris. *La arquitectura de Mondrian*: revisión de la arquitectura neoplástica a la luz teórica y práctica de Piet Mondrian. 2006. Tesis doctoral – Universid Politécnica de Madrid – Projectos Arquitectónicos/Escola Técnica Superior de Arquitectura (ETSM). Disponível em: <http://ao.upm.es/768/>. Acesso em 22 set. 2008.

Referências

MORALES, Cíntia *et al.* *Uma história da Educação Matemática no Brasil através dos livros didáticos de Matemática dos anos finais do Ensino Fundamental*, 2003. Disponível em: <http://www.educadores.diaadia.pr.gov.br/arquivos/File/2010/artigos_teses/MATEMATICA/Monografia_Morales.pdf>. Acesso em 18 jan. 2012.

SILVA, Adriana de Souza e. *O construtivismo no Brasil*: uma solução europeia... ou numa não solução?. Disponível em: <http://souzaesilva.com/Website/portifolio/webdesign/siteciberidea/adriana/research/udergra/mono.pdf>. Acesso em 28 dez. 2008.

SOCIEDADE TEOSÓFICA – O que é Teosofia? Disponível em: <www.sociedadeteosofica.org.br>. Acesso em: 6 jul. 2007.

STORI, Norberto; ANDRE FILHO, Antonio Costa. *O Ensino de Arte no Império e na República do Brasil* (2005). Disponível em: <http://www.mackenzie.br/fileadmin/Pos_Graduacao/Mestrado/Educacao_Arte_e_Historia_da_Cultura/Publicacoes/Volume5/O_Ensino_de_Arte_no_Imperio_e_na_Republica_do_Brasil.pdf>. Acesso em: 10 maio 2009.

TEIXEIRA, Manoel L. C. *Matemática e os Caminhos das Artes.* Disponível em: <http://ethnomathorg/resources/brasil/matematica.pdf>. Acesso em 6 abr. 2008.

Outros títulos da coleção
"Tendências em Educação Matemática"

A matemática nos anos iniciais do ensino fundamental – Tecendo fios do ensinar e do aprender
> **Autoras:** Adair Mendes Nacarato , Brenda Leme da Silva Mengali, Cármen Lúcia Brancaglion Passos

Análise de erros – O que podemos aprender com as respostas dos alunos
> **Autora:** Helena Noronha Cury

Brincar e jogar – Enlaces teóricos e metodológicos no campo da educação matemática
> **Autor:** Cristiano Alberto Muniz

Da etnomatemática a arte-design e matrizes cíclicas
> **Autor:** Paulus Gerdes

Descobrindo a Geometria Fractal para a sala de aula
> **Autor:** Ruy Madsen Barbosa

Diálogo e Aprendizagem em Educação Matemática
> **Autores:** Helle Alro e Ole Skovsmose

Didática da Matemática – Uma análise da influência francesa
> **Autor:** Luiz Carlos Pais

Educação a Distância *online*
> **Autores:** Marcelo de Carvalho Borba, Ana Paula dos Santos Malheiros, Rúbia Barcelos Amaral Zulatto

Educação Estatística - Teoria e prática em ambientes de modelagem matemática
> **Autores:** Celso Ribeiro Campos, Maria Lúcia Lorenzetti Wodewotzki, Otávio Roberto Jacobini

Educação Matemática de Jovens e Adultos – especificidades, desafios e contribuições
Autora: Maria da Conceição F. R. Fonseca

Etnomatemática – elo entre as tradições e a modernidade
Autor: Ubiratan D'Ambrosio

Etnomatemática em movimento
Autores: Gelsa Knijnik, Fernanda Wanderer, Ieda Maria Giongo, Claudia Glavam Duarte

Filosofia da Educação Matemática
Autores: Maria Aparecida Viggiani Bicudo, Antonio Vicente Marafioti Garnica

Formação Matemática do Professor – Licenciatura e prática docente escolar
Autores: Plinio Cavalcante Moreira e Maria Manuela M. S. David

História na Educação Matemática – propostas e desafios
Autores: Antonio Miguel e Maria Ângela Miorim

Informática e Educação Matemática
Autores: Marcelo de Carvalho Borba, Miriam Godoy Penteado

Interdisciplinaridade e aprendizagem da Matemática em sala de aula
Autores: Vanessa Sena Tomaz e Maria Manuela M. S. David

Investigações matemáticas na sala de aula
Autores: João Pedro da Ponte, Joana Brocardo e Hélia Oliveira

Lógica e linguagem cotidiana – verdade coerência, comunicação, argumentação
Autores: Nílson José Macado e Marisa Ortegoza da Cunha

Modelagem em Educação Matemática
Autores: Ademir Donizeti Caldeira, Ana Paula dos Santos Malheiros, João Frederico da Costa de Azevedo Meyer

O uso da calculadora nos anos iniciais do ensino fundamental
Autoras: Ana Coelho Vieira Selva e Rute Elizabete de Souza Borba

Pesquisa Qualitativa em Educação Matemática
Organizadores: Marcelo de Carvalho Borba e Jussara de Loiola Araújo (Orgs.)

Psicologia da Educação Matemática
Autor: Jorge Tarcísio da Rocha Falcão

Relações de gênero, Educação Matemática e discurso - Enunciados sobre mulheres, homens e matemática
Autor: Maria Celeste Reis Fernandes de Souza, Maria da Conceição F. R. Fonseca

Tendências Internacionais em Formação de Professores de Matemática
Autor: Marcelo de Carvalho Borba (Org.)

Este livro foi composto com tipografia Palatino e impresso
em papel Off Set 75 g/m² na Paulinelli Serviços Gráficos.